高等职业教育系列教材

基因测序仪安装与调试

崔晓钢 主 编

中国建筑工业出版社

图书在版编目（CIP）数据

基因测序仪安装与调试 / 崔晓钢主编. -- 北京：中国建筑工业出版社，2024.8. --（高等职业教育系列教材）. -- ISBN 978-7-112-30083-9

Ⅰ.TH776

中国国家版本馆 CIP 数据核字第 2024KD7710 号

基因测序仪是测定 DNA 片段的碱基序列、种类和定量的仪器，主要应用在人类基因组测序、遗传病、传染病及癌症的基因诊断、生物育种、生物工程药物的筛选等方面。本书以培养应用型人才为目标，采用理论与实践相结合的方式编写而成，总共 6 大章节，内容涵盖了基因测序基础知识、DNBSEQ 测序技术、基因测序仪基本结构、基因测序仪控制软件及使用、基因测序仪安装与调试、基因测序仪性能验证测试等，附录给出了测序实验室常用仪器设备和常用生物技术介绍。

本书可作为高等职业教育医疗器械类、机电技术类、生物医药类等相关专业的教材使用，同时也可作为科研院所、企业技术人员的参考用书。

为了便于本课程教学，作者自制免费课件资源，索取方式为：1. 邮箱：jckj@cabp.com.cn；2. 电话：(010) 58337285。

责任编辑：葛又畅　司　汉
责任校对：芦欣甜

高等职业教育系列教材
基因测序仪安装与调试
崔晓钢　主　编

*

中国建筑工业出版社出版、发行（北京海淀三里河路 9 号）
各地新华书店、建筑书店经销
北京鸿文瀚海文化传媒有限公司制版
建工社（河北）印刷有限公司印刷

*

开本：787 毫米×1092 毫米　1/16　印张：9¾　字数：239 千字
2024 年 10 月第一版　　2024 年 10 月第一次印刷
定价：**42.00 元**（赠教师课件）
ISBN 978-7-112-30083-9
(43168)

版权所有　翻印必究
如有内容及印装质量问题，请与本社读者服务中心联系
电话：(010) 58337283　QQ：2885381756
（地址：北京海淀三里河路 9 号中国建筑工业出版社 604 室　邮政编码：100037）

丛书编委会

主　任　罗德超　邓元龙
副主任　籍东晓　彭旭昀　文　平　崔晓钢　王金平
　　　　金浩宇　李晓欧　熊　伟
委　员　王伟东　周　炫　赵四化　陈苏良　李跃华
　　　　何善印　王鸾翔　崔奉良　李晓旺　刘虔铖
　　　　徐彬锋　李卫华　张金球　曹金玉　丁晓聪
　　　　曹园园　肖丽军　韩　宇　邰警锋　范　爽
　　　　肖　波　郭静玉

本书编委会

主　编　崔晓钢
副主编　陈苏良
参　编　崔奉良　曹金玉　王伟东　郭静玉　范　爽
主　审　熊　伟

前 言

高通量基因测序因通量高、速度快、准确性高且成本低,已逐渐成为基因测序市场应用最广的技术,广泛被应用在病原微生物检测、无创产前基因检测、肿瘤诊断、精准用药、育种等领域。高通量测序技术和普通基因测序最大的不同在于,高通量测序技术能够一次对大量核酸分子进行平行序列测定,也就是基因测序里的批处理。随着高通量测序技术的快速发展,目前该技术已应用在基础科研、医学诊断、生物育种等领域。本书所述的基因测序仪是进行高通量测序的核心设备。因基因测序仪的技术壁垒高,目前在全球范围内仅有几十家基因测序仪制造企业,可以量产的只有美国的 Illumina、Thermo Fisher 和中国的华大智造等。

本书以华大智造自主研发的 MGISEQ-200 为例,重点介绍了基因测序基础知识、DNBSEQ 测序技术、基因测序仪基本结构、基因测序仪控制软件及使用、基因测序仪安装与调试、基因测序仪性能验证测试等,附录给出了测序实验室常用仪器设备和常用生物技术介绍。

本书课题来源于深圳技师学院与深圳华大智造科技股份有限公司校企联合完成的"广东省产业就业培训基地(深圳·生物医药与健康产业基地)"项目。深圳技师学院、深圳华大智造科技股份有限公司、广东食品药品职业学院共同参与了本书的编写。

本书由深圳技师学院崔晓钢担任主编,陈苏良担任副主编,深圳华大智造科技股份有限公司熊伟担任主审。崔奉良、郭静玉编写了第1章、第2章,崔晓钢、曹金玉、范爽编写了第3章、第4章,陈苏良、王伟东编写了第5章、第6章,全书由崔晓钢统稿。

本书在编写过程中参考和借鉴了深圳华大智造科技股份有限公司大量资料和国内外相关书籍,在此表示感谢。

由于编者水平有限,书中难免存在疏漏之处,敬请广大读者批评指正。

目 录

第 1 章　基因测序基础知识 ·· 001
　教学目标 ·· 001
　1.1　细胞 ··· 001
　1.2　核酸 ··· 004
　1.3　基因 ··· 010
　1.4　基因测序技术发展概述 ·· 012
　1.5　基因测序技术原理、方法及仪器 ·· 016
　1.6　基因测序技术的应用 ··· 026
　习题与思考 ·· 027

第 2 章　DNBSEQ 测序技术 ··· 029
　教学目标 ·· 029
　2.1　测序全流程介绍 ··· 029
　2.2　样本提取 ·· 029
　2.3　文库构建 ·· 030
　2.4　DNA 纳米球制备 ·· 031
　2.5　规则阵列芯片技术 ·· 034
　2.6　DNB 加载 ··· 034
　2.7　联合探针锚定聚合技术原理 ·· 035
　2.8　碱基识别算法 ·· 036
　2.9　测序流程 ·· 037
　2.10　SE/PE 测序 ··· 038
　2.11　DNBSEQ 技术总结 ·· 039
　习题与思考 ·· 040

第 3 章　基因测序仪基本结构 ··· 042
教学目标 ·· 042
3.1　概述 ··· 042
3.2　系统组成 ·· 045
3.3　主要系统及工作原理 ·· 050
3.4　仪器硬件 ·· 051
3.5　芯片与试剂 ··· 067
3.6　系统工作流 ··· 068
习题与思考 ·· 069

第 4 章　基因测序仪控制软件及使用 ··· 070
教学目标 ·· 070
4.1　软件概述 ·· 070
4.2　工程师界面（EUI） ·· 071
4.3　生产用户界面（PUI） ··· 073
4.4　ImageJ ·· 076
习题与思考 ·· 080

第 5 章　基因测序仪安装与调试 ··· 082
教学目标 ·· 082
5.1　实验室布局及要求 ·· 082
5.2　仪器安装 ·· 085
习题与思考 ·· 110

第 6 章　基因测序仪性能验证测试 ·· 111
教学目标 ·· 111
6.1　性能验证测试所需材料 ··· 111
6.2　解冻测序试剂盒 ·· 112
6.3　测序仪准备 ··· 113
6.4　文库定量 ·· 114
6.5　DNB 制备 ··· 115
6.6　DNB 定量 ··· 117
6.7　加载准备 ·· 118
6.8　测序准备 ·· 118
6.9　测序 ··· 122
6.10　第一个碱基报告 ·· 123
6.11　仪器清洗 ··· 123
6.12　运行结果验证 ·· 123

6.13　数据分析 ·· 124
　　6.14　下机报告 ·· 126
　　习题与思考 ··· 129

附录 ··· 130
　　一、测序实验室常用仪器设备 ································· 130
　　二、常用生物技术 ··· 140

知识点数字资源 ·· 143

参考文献 ·· 146

第 1 章
基因测序基础知识

 教学目标

1. 了解核酸相关基础生物知识。
2. 了解基因测序的研究内容和方向。
3. 了解基因测序技术的发展简史。
4. 了解基因测序技术的应用领域。

生命科学是一门基础科学,与人类生活的很多方面都有着非常密切的关系,涉及了医疗、制药、卫生、农业、畜牧业、食品、化工、环境保护等领域。生物学所研究的技术和内容,与人类健康水平、产品质量、社会发展等方面息息相关。许多专家将 21 世纪称为生命科学的时代,生物学近年来发展迅速,从宏观宇宙对生物体的影响,到微观人类基因组计划中碱基对的破译,都显示了生命科学取得的辉煌成就。

生物学是研究生命的科学,包括研究生命的现象和本质。自然界中,一类是没有生命的物体,称为非生物,如土、水、金属等。另一类是有生命的物体,称为生物,如鸟、虫、鱼、人、微生物等。地球上绝大多数的生命体,从细菌到植物、动物和人类,都是由细胞组成的。

1.1 细胞

细胞是组成生命有机体的基本结构与功能单位,研究和了解细胞是揭示生命奥秘、改造生命和克服疾病的基础。第一个细胞于 1665 年被英国科学家罗伯特·胡克(Robert Hooke)发现。当时,他利用英国皇家学会一位院士的设计图设计了一台显微镜,偶然的机会,一片软木薄片让人类第一次观察到了植物细胞。因为胡克觉得这东西形状很像单人房间(英语:Cell),所以他将植物细胞命名为 Cellua。

1.1.1 细胞的大小与形态

构成不同生物体的细胞以及在同一生物体内行使不同功能的细胞,它们在大小和形态上有所差异,比如最小的支原体细胞直径约 0.1μm,最大的细胞是鸵鸟的卵细胞,直径可达 10cm。不同类型细胞在大小上的差异与其行使的功能相适应。鸟类和爬行类动物的卵由于要储存胚胎发育所需的营养物质,一般较大,而哺乳动物由于其胚胎在母体内发育,通过母体获得发育所需的营养物质,因此哺乳动物的卵细胞相对较小。细胞的形态也呈现出多样性,一般与细胞所处的位置和行使的功能相适应。如红细胞、白细胞、卵细胞等游离的细胞一般呈圆饼形或球形,上皮细胞等需要相互排列紧密,一般呈扁平形或柱形,神经细胞一般有很多突起,这与神经传导功能相关,肌细胞一般为梭形,便于肌肉收缩,细胞的不同形态见图 1-1。

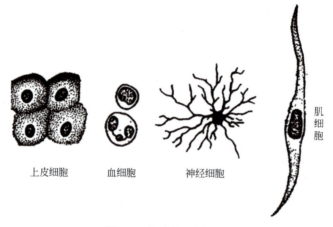

图 1-1 细胞的不同形态

1.1.2 细胞的分类

地球上的生物按是否有细胞构造分为非细胞生物和细胞生物,细胞生物按其复杂程度,又分为原核细胞生物和真核细胞生物。

1.1.2.1 非细胞生物

现存的病毒是一类没有细胞构造的非细胞生物,它们由蛋白质外壳和核酸(DNA 或 RNA)所构成,构造非常简单。病毒必须寄生在宿主细胞内,借助宿主细胞内的能量和物质来满足其繁殖、遗传和变异等生命活动。

1.1.2.2 细胞生物

一、原核细胞

自然界中,由原核细胞构成的生物称为原核细胞生物,常见的有细菌、放线菌、蓝藻等。原核生物已形成一定的细胞形态,细胞外被细胞膜包围,细胞膜外有一层具有保护作用的细胞壁。原核细胞没有典型的细胞核结构,仅有一个暴露在细胞质中、不与蛋白质结合的环状 DNA，此区域称为拟核。此外，原核细胞的细胞质内没有内质网、高尔基复合体、溶酶体以及线粒体等细胞器，仅有核糖体和一些其他的内含物，如糖原颗粒、脂肪颗粒等。

细菌是原核生物的典型代表（图 1-2），细菌的外表面有一层肽聚糖构成的细胞壁，壁内为细胞膜，细菌的细胞无成形的细胞核，为拟核结构。细胞质中有唯一的细胞器——核糖体，它是细菌蛋白质合成的场所。

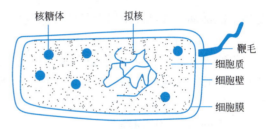

图 1-2 原核细胞的结构

二、真核细胞

真核细胞的细胞结构比原核细胞复杂。植物、动物以及人类都是由真核细胞组成的真核细胞生物。以动物细胞为例，真核细胞的结构包括细胞膜、细胞质和细胞核。根据细胞各部分结构的性质、关系以及各种结构的来源等，可以将细胞分为膜相结构和非膜相结构两部分。膜相结构包括细胞膜、内质网、线粒体、高尔基复合体、溶酶体、核膜等，非膜相结构包括染色质、核糖体、微管等（图 1-3）。

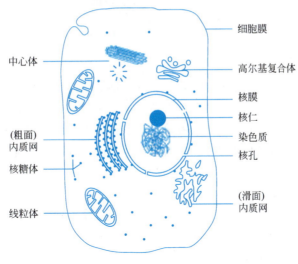

图 1-3 动物细胞的结构

（一）细胞膜

细胞膜（Cell Membrane）是包围在细胞外周的一层薄膜，也称为质膜，是细胞与其外环境的边界，使细胞具有一个相对独立而稳定的内部环境。细胞膜的厚度一般为 7～10nm，主要由蛋白质、脂类、糖组成。细胞膜的生理功能复杂多样，细胞与其外部环境之间的各种复杂的联系，如物质交换、能量转换及信息传导等，细胞膜均参与其中并起着决定性的作用。

（二）细胞质

细胞质是位于细胞膜和细胞核之间的所有物质，它包括细胞质基质、细胞器以及其他成形的内含物。存在于细胞质中的细胞器主要有核糖体、线粒体、内质网、高尔基复合体、溶酶体、中心粒以及微管、微丝、中间纤维组成的细胞骨架等。细胞质基质是各种细胞器功能活动的外部环境以及某些代谢反应进行的场所。

（三）细胞核

细胞核（Nucleus）是细胞生命活动的控制中心，一般位于细胞中央。细胞核主要由核膜、核孔、染色质、核仁和核基质构成（图 1-4）。真核细胞几乎所有的遗传信息都储存在核 DNA 中，它是贮存遗传信息的场所，并在核内进行基因的复制、转录等过程，从而控制细胞的遗传和代谢等活动。

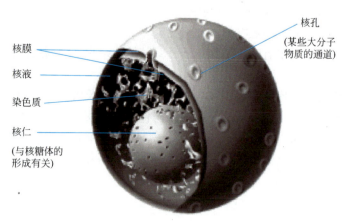

图 1-4 细胞核的结构组成

1. 染色质与染色体

染色质（Chromatin）占细胞核的绝大部分，是指间期细胞核中可被碱性染料着色的物质，是呈伸展状态的 DNA 蛋白纤维。染色质主要化学成分是 DNA、组蛋白、非组蛋白和少量 RNA。染色质是染色体的前体物质，当细胞分裂时，染色质螺旋化，折叠形成染色体。染色质和染色体是遗传物质 DNA 的载体，是同一物质在细胞周期不同时期不同形态结构的表现形式。

2. 染色体的化学组成

染色体的基本单位是核小体（Nucleosome），包括 4 种组蛋白（H2A、H2B、H3、H4）各 2 个分子构成的八聚体核心和外面围绕的核心 DNA。相邻 2 个核小体间由 50～60bp 的 DNA 相连，其上结 1 个分子组蛋白 H1。人类有 46 条染色体，每条染色体都是由 1 条线性的双螺旋 DNA 分子缠绕着组蛋白而形成，许多核小体连接起来形成串珠状态的 DNA 结构。

1.2 核酸

核酸（Nucleic Acid）是控制生物遗传和支配蛋白质合成的重要物质，是一类生物聚合物，是所有已知生命形式必不可少的组成物质。凡是有生命的地方，就有核酸存在。O. T. Avery 发现并证实了染色体中的脱氧核糖核酸（DNA）是携带遗传信息的物质，只含有 DNA 的细胞提取物能将一个新的特性传递给细胞，而细胞的后代也继承这一特性。

1.2.1 核酸的化学组成

1.2.1.1 元素组成

组成核酸的元素有 C、H、O、N、P 等。与蛋白质比较，其组成上有两个特点：一是核酸一般不含 S 元素；二是核酸中 P 元素的含量较多并且恒定，约占 9%～10%。因此，核酸定量测定的经典方法，是以测定 P 含量来代表核酸量。

1.2.1.2 化学组成与基本单位

核酸经水解可得到很多核苷酸，核苷酸是核酸的基本组成单位（图 1-5）。核酸就是由很多单核苷酸聚合形成的多聚核苷酸。核苷酸可被水解产生核苷和磷酸，核苷还可再进一步水解，产生戊糖和含氮碱基（图 1-6）。

图 1-5　核苷酸的结构　　　　　　　图 1-6　核酸的组成

（1）戊糖

核苷酸中有两类戊糖，分别是核糖和脱氧核糖，结构式如下（图 1-7）。

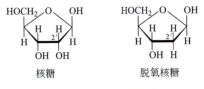

图 1-7　戊糖的结构式

（2）碱基

核酸中的碱基有五种，可分为两类：嘌呤和嘧啶，分别是腺嘌呤（A）、鸟嘌呤（G）、胞嘧啶（C）、尿嘧啶（U）和胸腺嘧啶（T）（图 1-8）。

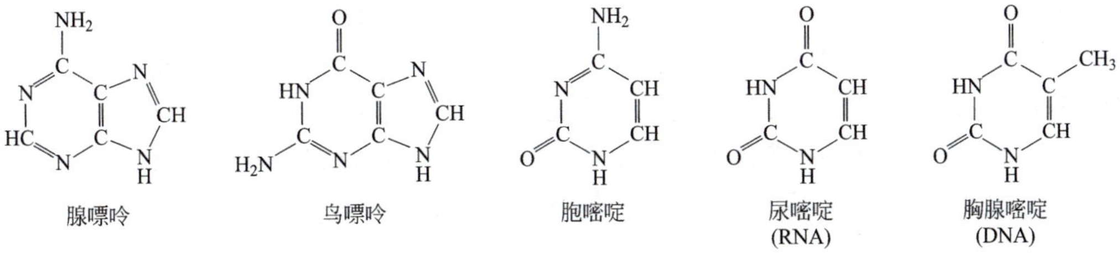

图 1-8　五种碱基及结构

(3) 核苷

核苷是由碱基核戊糖通过 β-氮苷键缩合而成的。在 DNA 中，常见的 4 种脱氧核糖核苷的结构式如下（图 1-9）。

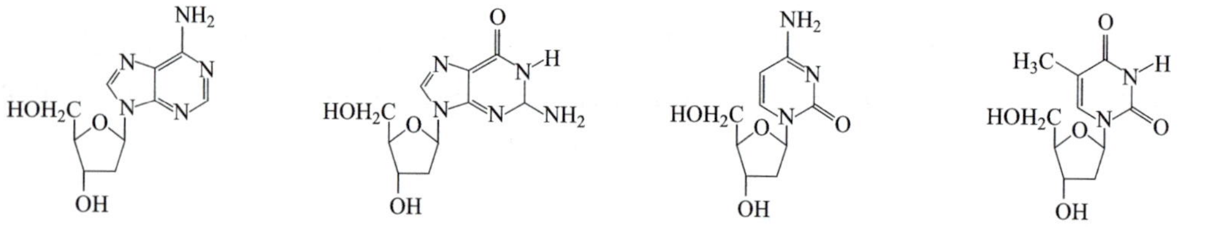

腺嘌呤脱氧核苷(脱氧腺苷)　　鸟嘌呤脱氧核苷(脱氧鸟苷)　　胞嘧啶脱氧核苷(脱氧胞苷)　　胸腺嘧啶脱氧核苷(脱氧胸苷)

图 1-9　常见的 4 种脱氧核糖核苷的结构式

在 RNA 中，常见的 4 种核糖核苷的结构式如下（图 1-10）。

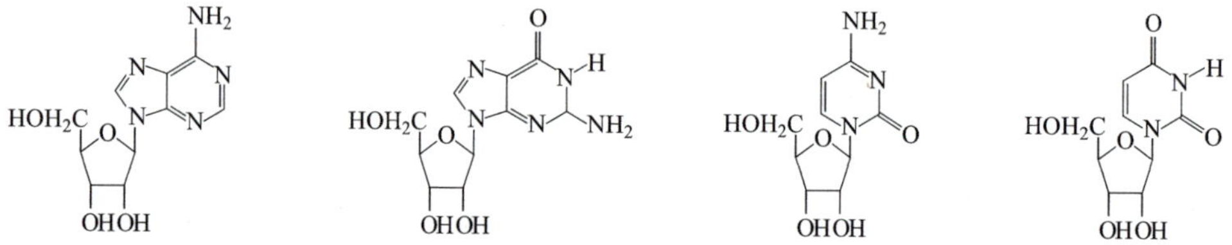

腺嘌呤核苷(腺苷)　　鸟嘌呤核苷(鸟苷)　　胞嘧啶核苷(胞苷)　　尿嘧啶核苷(尿苷)

图 1-10　常见的 4 种核糖核苷的结构式

1.2.2　核酸的分类

根据分子中所含戊糖的类型不同，核酸可分为核糖核酸（Ribonucleic Acid，RNA）和脱氧核糖核酸（Deoxyribonucleic Acid，DNA）。DNA 主要存在于细胞核和线粒体内，它是生物遗传的主要物质基础。约 90% 的 RNA 存在于细胞质中，而细胞核内 RNA 的含量约占 10%，它直接参与体内蛋白质的合成。

根据 RNA 在蛋白质合成过程中所起的作用不同，RNA 又可分为三类：

一、信使 RNA

信使 RNA（Messenger RNA，mRNA）是合成蛋白质的模板，其功能是在蛋白分子合成过程中，作为"信使"分子，将基因组 DNA 的遗传信息传递至核糖体，使核糖体能够以其碱基排列顺序掺入互补配对的转运 RNA（Transfer RNA，tRNA）分子中合成正确的肽链，实现遗传信息向蛋白质分子的转化。

二、核糖体 RNA

核糖体 RNA（Ribosomal RNA，rRNA），又称核蛋白体 rRNA，它是细胞内含量最多的一类 RNA，也是三类 RNA 中相对分子质量最大的一类 RNA，它与蛋白质结合而形成核糖体。它是蛋白质合成多肽链的"装配机"，其功能是在 mRNA 的指导下将氨基酸按特定顺序合成肽链（肽链在内质网、高尔基体作用下盘曲折叠加工修饰成蛋白质，原核生物在细胞质内完成）。rRNA 占 RNA 总量的 82% 左右。

三、转运 RNA

转运 RNA 是蛋白质合成中的接合器分子，在蛋白质的合成过程中，tRNA 是搬运氨基酸的工具。氨基酸由各自特异的 tRNA "搬运"到核蛋白体，才能组装成多肽链。

1.2.3 核酸的结构

核酸是生物体内重要的生物大分子化合物，参与遗传信息的储存、转录和表达，这些生物学功能都与其复杂的化学结构密切相关。

核酸是核苷酸的多聚化学物，一个核苷酸 C3′上的羟基与另一个核苷酸 C5′上的磷酸缩合脱水形成 3′,5′-磷酸二酯键（图 1-11），多个核苷酸经 3′,5′-磷酸二酯键形成一条线性分子，称为多聚核苷酸链。

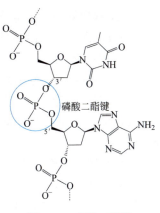

图 1-11　磷酸二酯键

3′,5′-磷酸二酯键连接核苷酸的方式决定了多聚核苷酸链具有方向性，即每条多聚核苷酸链上具有两个不同的末端，戊糖磷酸基指向的一端称为 5′末端，戊糖 3′羟基指向的一端称为 3′末端。一般习惯上将 5′端写在左边，将 3′端写在右边，例如：

$$5'\cdots\cdots AGCTAAGGCCCTTAGGCC\cdots\cdots 3'$$

1.2.3.1 DNA 的结构

一、DNA 的一级结构

多数 DNA 分子是指脱氧多核苷酸链中核苷酸的排列顺序，由于 DNA 分子中脱氧核苷酸中的磷酸和脱氧核糖的结构均相同，不同的仅仅是碱基，因此 DNA 分子中碱基的排列顺序就代表了核苷酸的排列顺序。研究 DNA 的一级结构实际上就是测定 DNA 分子中碱基的排列顺序，简称"测序"。生物的遗传信息绝大多数以脱氧核苷酸不同的排列顺序编码在 DNA 分子中。生物界中物种的多样性即在 DNA 分子中四种脱氧核苷酸千变万化的不同排列组合之中。

二、DNA 的二级结构

DNA 的二级结构是双螺旋结构（图 1-12），这种理论是 Watson 和 Crick 于 1953 年提出的，在分子生物学发展史上具有划时代的意义，为此，Waston 和 Crick 于 1962 年获得了诺贝尔化学奖。

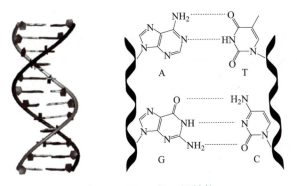

图 1-12　DNA 的二级结构

DNA 双螺旋的主要特征如下：

（1）DNA 分子是由两条长度相等、走向相反（一条 5′→3′，另一条 3′→5′）但互相平行的脱氧核苷酸链组成，以一共同轴为中心，盘绕成右手双螺旋结构。

（2）由磷酸和脱氧核糖形成的基本骨架位于双螺旋的外侧，碱基在双螺旋内侧。处于同一平面的碱基按照互补配对规律，即 A 配 T 形成 2 个氢键，G 配 C 形成 3 个氢键而彼此连接，每一碱基对中的碱基彼此称为互补碱基，DNA 的两条脱氧多核苷酸链称为互补链。

（3）双螺旋结构中的直径为 2nm，每个相邻碱基对之间的距离为 0.34nm。每 10 对碱基使螺旋旋转一周，每个螺距为 3.4nm。

（4）双螺旋结构的稳定主要依靠氢键和碱基堆积力，其中氢键维系双螺旋横向结构的稳定，碱基堆积力维系纵向结构的稳定。

（5）多核苷酸链方向 3′→5′为正向，形成一条大沟和一条小沟。

目前，已发现的 DNA 双螺旋结构有右手螺旋结构和左手螺旋结构。

（一）右手螺旋结构

Watson 和 Crick 提出的 DNA 双螺旋结构为 B 型 DNA，B 型 DNA 是 DNA 常见的形式。此外还有 A 型 DNA 和 Z 型 DNA（图 1-13）。

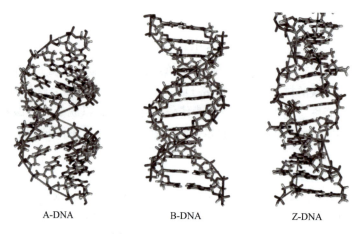

图 1-13　不同 DNA 的构象

（二）左手螺旋结构

除了右手螺旋以外，自然界中还发现有一种左旋 DNA。1972 年 Pohl 等发现人工合成的嘌呤与嘧啶相间排列的多聚核苷酸顺序（GCGCGC）在高盐的条件下，旋光性会发生改变。接着王惠君（Wang A. H. J）和 A. Rich 对六聚体 d（CGCGCG）单晶作了分辨率达 0.09nm 的 X-衍射分析，提出了 Z-DNA 模型。左旋 DNA 的发现是近年来分子遗传学的重大发现之一。

三、DNA 的高级结构

DNA 高级结构是指 DNA 双螺旋链在空间进一步地扭转盘曲，常见的是形成超螺旋结构。原核生物没有细胞核，其 DNA 分子在双螺旋基础上扭转盘曲，形成超螺旋即 DNA 三级结构。真核生物 DNA 三级结构是核小体，四级结构是染色体。

1.2.3.2 RNA 的结构

RNA 在生命活动中发挥着重要作用,它和蛋白质共同负责基因的表达与调控。RNA 通常以一条单链形式存在,经卷曲盘绕可形成局部双螺旋结构,碱基配对时,A 与 U,G 与 C。回折处不能配对的碱基膨出成环状称为发夹结构,即为 RNA 的二级结构。目前,tRNA 的二级结构研究得最为清楚,所有的 tRNA 都有 3 个发夹结构,呈三叶草形。RNA 在二级结构基础上进一步折叠即为三级结构,tRNA 的三级结构呈倒 L 形(图 1-14)。

图 1-14 tRNA 的二级结构和三级结构

1.2.4 核酸的理化性质

1.2.4.1 核酸的溶解度、分子大小与粘度

RNA 和 DNA 都是极性化合物,都溶于水,而不溶于乙醇、乙醚、氯仿等有机溶剂,它们的钠盐比自由酸易溶于水,RNA 的钠盐在水中的溶解度可达 4%。

高分子溶液比普通溶液粘度要大得多,不规则线团分子比球形分子的粘度大,而线性分子的粘度更大。天然 DNA 是双螺旋结构,分子量很大,且极为细长,因此 DNA 即使是极稀的溶液,也具有极大的粘度。RNA 分子比 DNA 分子要短得多,溶液的粘度要小得多。当核酸溶液在某些理化因素作用下发生变性,使螺旋结构转变为线团时,粘度降低,所以可用粘度作为 DNA 变性的指标。

1.2.4.2 核酸的紫外吸收

嘌呤碱、嘧啶碱以及由它们参与组成的核苷、核苷酸及核酸对紫外光都有强烈的吸收作用,它们吸收紫外光的共同特点是在 260nm 处为最大吸收值,而由芳香族氨基酸参与组成的蛋白质最大吸收值在 280nm 处。因此利用这一特性,可以鉴别核酸样品中蛋白质杂质。

1.2.4.3 核酸的变性、复性与杂交

一、核酸变性

核酸变性是指核酸双螺旋结构解开、氢键断裂,但并不涉及核苷酸间磷酸二酯键的断裂,因此变性作用并不引起核酸分子量降低。多核苷酸链的磷酸二酯键的断裂称为降解,核酸降解时,核酸分子量降低。

引起核酸变性的因素很多,如加热、极端 pH、有机溶剂、尿素等。加热引起 DNA 变性称热变性。如将 DNA 的稀盐溶液加热到 80~100℃几分钟,双螺旋结构即被破坏,氢键断裂,DNA 分子的两条链彼此分离,形成无规则线团。变性后的 DNA,由于空间结构的改变,发生了一系列理化性质的改变,如 260nm 处紫外吸收值升高(称增色效应),

粘度降低以及生物学活性丧失等。能使一半 DNA 分子发生变性的温度称为变性温度（Melting Temperature，Tm），DNA 的 Tm 值一般在 70~85℃。

DNA 的 Tm 值与分子中 G-C 含量有关，即 G-C 配对数越多，则 Tm 值越高。这是由于 G-C 碱基对之间有三个氢键，所以含 G-C 碱基对较多的 DNA 分子更为稳定，而 G-C 碱基对含量低，则 Tm 值低。因此测定 Tm 值可推算 DNA 分子中 G-C 碱基对的含量，其经验公式为：

$$(G+C)\% = (Tm - 69.3) \times 2.44$$

二、核酸复性

变性 DNA 在适当条件下，可使两条彼此分离的链重新由氢键连接而形成双螺旋结构，这一过程称为复性或退火。复性后的 DNA 可基本恢复一系列的理化性质，生物学活性也可得到部分恢复。变性 DNA 的复性是有条件的，如将热变性 DNA 骤然冷却至低温时，DNA 不可能复性，而在缓慢冷却时才可以复性。

三、核酸杂交

不同来源的 DNA 加热变性后，只要两条多核苷酸链的碱基有一定数量能彼此互补，就可以经退火处理进行复性，形成新的杂交 DNA 分子，这种依据相应碱基配对而使不完全互补的两条链相互结合称为分子杂交。因此分子杂交的基础是 DNA 的变性与互补，也可以杂交形成新的双螺旋结构。目前杂交技术已广泛地应用于核酸结构与功能的研究。如将已知的特定基因（如先天性遗传疾病的某些特定基因）用同位素标记，制备成基因探针，利用分子杂交技术，基因探针可与同源序列互补形成杂交体，因此可用于检测组织细胞内有无特定基因或 DNA 片段，如临床上已应用于产前诊断遗传性疾病。

1.3 基因

1.3.1 基因的概念

基因（Gene）一词源于 Mendel 的遗传因子，1909 年 Johannesen 将其称为基因。之后 Morgan 及其学生提出了染色体学说，提出基因是遗传的基本单位，基因位于染色体上呈直线排列，并发表了著名的《基因论》。真正对基因的物质基础及本质的认识，开始于 1944 年 Avery 等人的研究工作，他们用实验的方法证明了 DNA 是生物的遗传物质，随后 Watson 和 Crick 提出了 DNA 分子双螺旋结构模型，该模型不仅显示了 DNA 分子的空间结构形式，还揭示了 DNA 分子具有自我复制的功能。从此人们认识到，基因是具有一定生物功能的 DNA 或 RNA 片段。

现代遗传学认为，基因是细胞内遗传信息的结构和功能单位，也是遗传的物质基础。在 DNA 分子中，由特定的核苷酸按一定的碱基顺序排列而成，这些特定的碱基顺序就构成了生物的遗传信息。DNA 可以准确地进行自我复制而将遗传信息传递下去，DNA 还可以通过转录和翻译等程序使遗传信息转为蛋白质的结构和功能，进而决定形状的产生。

1.3.2 基因的结构

原核生物的基因是 DNA 分子上的一个片段，而且是连续编码的，功能相关的几个结构基因常常串联在一起组成操纵子结构。有些原核生物由于其体内所含的 DNA 分子较小，为了使有限的 DNA 分子编码更多的遗传信息，往往会出现重叠的现象，又称为"重叠基因"。

真核生物的基因是不连续的，一个真核生物的结构基因由编码序列和非编码序列两部分组成，而编码序列也是不连续的，被非编码序列分割开，又称为断裂基因。断裂基因中的编码序列称为外显子（Exon），而非编码序列则称为内含子（Intron）。

外显子是指在断裂基因及其初级转录产物上出现，并表达为 RNA 的核酸序列。内含子是指隔断基因的线性表达而在剪接过程中被除去的核酸序列（图 1-15）。

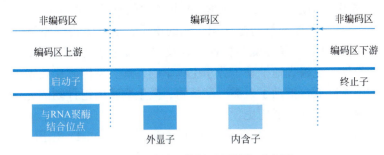

图 1-15　真核生物的基因结构示意图

1.3.3　基因的功能

DNA 的遗传信息是以基因的形式存在，某些病毒 RNA 也可作为遗传信息的载体。基因的基本功能包括三个方面：

一、基因是储存生物性状的遗传信息

核苷酸的排列序列决定了基因的功能，即 DNA 分子上 4 种碱基的不同排列序列荷载不同基因的遗传信息。

二、基因能准确地自我复制和指导 RNA 合成

DNA 的核苷酸序列以遗传密码的方式决定了蛋白质的氨基酸排列顺序。DNA 通过复制将所有的遗传信息稳定地遗传给子代。生物体的遗传性和变异性同时存在，以适应环境条件的变化，生物的遗传信息是基因稳定性的表现，变异性是基因突变的表现，变异性的存在维持了生物进化和产生生物的多样性。

三、参与基因表达

通过基因表达，可控制细胞内蛋白质和酶的合成，进而决定生物的表型。作为基因的 DNA 不但能储存遗传信息，复制遗传信息，还能将遗传信息先转录到 mRNA，然后按照 mRNA 上的遗传密码翻译成蛋白质和酶，从而实现基因决定生物现状的功能，这也称之为遗传信息传递的中心法则，这是所有细胞结构的生物所遵循的法则。在某些病毒中的 RNA 自我复制（如烟草花叶病毒等）和在某些病毒中能以 RNA 为模板逆转录成 DNA 的过程（某些致癌病毒）是对中心法则的补充（图 1-16）。RNA 的自我复制和逆转录过程，在病毒单独存在时是不能

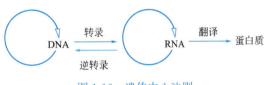

图 1-16　遗传中心法则

进行的，只有寄生到寄主细胞中后才发生。逆转录酶在基因工程中是一种很重要的酶，它能以已知的 mRNA 为模板合成目的基因，在基因工程中是获得目的基因的重要手段。

1.4　基因测序技术发展概述

基因测序技术，又称 DNA 测序技术，是分子生物学研究中最常用的技术。基因测序技术的发展基于两个具有里程碑意义的理念，即"生命是序列的"和"生命是数据的"。基因序列是生命科学领域大数据时代的核心组成部分，也是基因组学最基本、最重要的数据，简单来说，测序技术就是将 DNA 或 RNA 分子中的碱基（ATGC 或者 AUGC）排列顺序可视化出来。DNA 测序的目的是认识生命的本质，了解生物的差异性以及不同的生物进化和发展的历史。DNA 双螺旋结构模型以及"生命是序列的"观点的提出，直接推动了测序技术的发展，也极大地推动了分子生物学的发展。基因测序技术的不断突破、改进及测序成本的不断降低，推动了人类、动植物、微生物基因组计划的完成。下面将简单介绍基因及基因测序技术的发展历史：

1865 年，奥地利遗传学家格里哥·孟德尔（Gregor Mendel）提出孟德尔遗传定律，是遗传学的基础。

1866 年，尼伦伯格（Nirenber）和科兰纳（Khorana）破译了遗传密码字典的三联体密码子，是生物学史上一个重大的里程碑。

1919 年，菲巴斯·利文（Phoebus Levene）确定了 DNA 由含氮碱基、糖和磷酸盐组成的核苷酸组成，且碱基是以固定顺序重复排列的。

1937 年，阿斯伯利（Ailliam Astbury）展示了第一个 X 射线衍射研究的结果，表明 DNA 具有极其规则的结构。

1944 年，埃弗里（Oswald Avery），麦克劳德（Colin MacLeod）和麦卡蒂（Maclyn Mcarty）通过肺炎双球菌转化实验证明了 DNA 是遗传信息的载体。

1952 年，赫尔希（Alfred Hershey）和蔡斯（Martha Chase）的噬菌体侵染实验确认 DNA 为遗传物质。

1953 年，弗朗西斯·克里克（Francis Crick）和詹姆斯·沃森（James Watson）提出 DNA 双螺旋结构，认为生命是有序列的，可以数据化表达，从此开启了分子生物学时代，使得遗传研究深入到分子层次，让测序成为可能，"生命之谜"即将被打开。

1956 年，科恩伯格（Arthur Kornberg）等在大肠杆菌提取液中发现了 DNA 聚合酶，在镁离子、模板 DNA 与引物的作用下，能从四种三磷酸脱氧核糖核苷酸中游离出焦磷酸，合成与模板 DNA 互补的 DNA 链。

1958 年，英国生物学家弗朗西斯·克里克（Francis Crick）提出了著名的"中心法则"，奠定了整个分子遗传学的基础。

1964 年，美国康奈尔大学研究人员首次分析了酵母的核苷酸序列。

1965 年，美国科学家罗伯特·霍利（Robert W. Holley）首次分离了转运 RNA（tRNA），并完成丙氨酸的 tRNA 测序（77nt）和大致的结构解析，耗时 7 年（3 年分离 RNA，4 年测序）。

1972 年，保罗·伯格（Paul Berg）利用限制性酶和 DNA 连接酶，结合猴病毒 SV40

和λ噬菌体的DNA，创建了首个体外重组DNA分子。

1977年，吉尔伯特（Walter Gibert）和马克西姆（Allan M. Maxam）发明了化学降解法测序，桑格（Frederick Sanger）和考尔森（Coulson）开创了双脱氧链终止法，并完成了第一个噬菌体全基因组的测序。

1985年，Cetus公司从温泉中分离出嗜热细菌（Thermus Aquaticus）菌株，从中纯化出耐热DNA聚合酶。该酶的耐高温性大大提高了PCR扩增的效率，使PCR成为现实，并为其自动化铺平了道路。

1986年，美国应用生物系统公司（Applied Biosystems Inc，简称ABI，成立于1981年）推出世界上第一台平板电泳全自动测序仪ABI 370A，通过荧光标记和毛细管阵列电泳技术来实现DNA测序的自动化，标志着DNA测序开始商业化。当时全自动其实是半自动，因为测序的主要步骤如制胶和加样，还需要手工完成。尽管如此，这一项突破性的发明，大大减少了测序所需的时间，并形成了后来广泛使用的毛细管DNA测序仪的原型。

1990年，人类基因组计划在美国率先启动，日本、德国、法国和英国等国的科学家相继参与，组成了国际"人类基因组计划"协作组，其核心内容是测定人类基因组的全部DNA序列，获得人类全面认识自我最重要的生物学信息。人类基因组计划与曼哈顿原子弹计划、阿波罗登月计划被并称为"人类20世纪三大科学工程"。

1999年，中国正式加入人类基因组计划，并承担了"人类基因组计划"1％的测序任务，成为继美、英、日、德、法后第六个加入该组织的国家。

2000年，六国科学家联合公布人类基因组工作草图，以揭示生命和各种遗传现象的奥秘，该项成果被誉为人类"生命天书"的破译。同年，科学家宣布绘出拟南芥基因组的完整图谱，这是人类首次全部破译出一种植物的基因序列；此外，果蝇的全基因组测序也在2000年全部完成，人类有80％的基因都能在果蝇中找到对应的同源基因，因此也为后续人类疾病的研究提供了良好模型。

2001年，人类基因组系列草图在《Nature》及《Science》公布。人类基因组草图不仅是人类探索生命奥秘的重要里程碑，也是遗传医学和生物技术产业时代开启的一个标志。人类基因组草图公布之初就引起了全球多个国家领导人和民众的瞩目。

2001年，中国率先完成水稻（籼稻）基因组工作框架图的绘制，这是继人类基因组之后完成测定的最大基因组，该项成果也于2002年4月在国际权威杂志《Science》发表（图1-17）。2002年12月，中国水稻（籼稻）基因组"精细图"完成，在中国科学院、科学技术部、国家计划委员会、国家自然科学基金委员会联合举行的新闻发布会上，华大基因对中国水稻（籼稻）基因组"精细图"成果进行了介绍，此次公布的水稻基因组"精细图"是第一张农作物的全基因组精细图，对基因预测、基因功能鉴定的准确性以及基因表达、遗传育种等研究的贡献是一个质的飞跃，同时也向世界展示了中国的科研实力，为水稻相关研究的开展和产量的增长奠定了基础，为全球粮食安全贡献了科学力量。

图1-17 2002年4月《Science》杂志封面：水稻基因组测定

2003 年，耗资 38 亿美元、历时 13 年的人类基因组计划宣布完成，在此计划实施过程中建立起来的基因组学、生物信息学技术，对全球生物相关学科和产业的发展，起到了巨大的推动作用。有关生命科学的新兴技术和生物产业如雨后春笋般涌现，而中国的基因测序技术也从追赶到并跑，再到逐步走向引领。

2005 年，454 Life Sciences 公司推出了第一款高通量测序仪 Genome Sequencer 20，这是第一个商品化的高通量测序平台，创造了"边合成边测序"的方法，开启了高通量测序的先河，具有里程碑式的意义。

2006 年，"炎黄计划"启动。"炎黄计划"是一个对百位黄种人进行基因组测序的计划，由华大基因、生物信息系统国家工程研究中心与中国科学院北京基因组研究所合作研究，该计划完成了全球首份亚洲人基因组图谱的绘制。计划的第一步"炎黄一号"是对一位中国人进行基因组测序，这是自人类基因组计划 1％任务、国际人类基因组单体型图计划 10％任务后，中国科学家独自进行的人类基因组测序计划。

2006 年，Solexa 公司推出 Genome Analyzer 测序仪，使得科学家能够在单次运行内测序 1Gb 的数据。

2007 年，华大基因宣布绘制完成了首份黄种人基因组图谱，并于 2008 年在《Nature》杂志上发表了相关研究成果。这一测序数据总量为 1177 亿碱基对，平均测序深度为 36 倍，有效覆盖率达 99.97％，变异检测精度则达 99.9％以上。这也是自 DNA 之父詹姆斯·沃森（James Watson）与基因组研究先驱克雷格·文特尔（Craig Venter）之后进行的全球第三例人类个人基因组测序。

2007 年，世界首份"个人版"基因图谱完成，詹姆斯·沃森（James Watson）成为世界上首张"个人版"基因组图谱的拥有者。同年，罗氏（Roche）以 1.55 亿美元现金和股票收购了 454 Life Sciences 公司，并推出了一系列改进型的测序仪，极大地提升了测序通量和准确性，也进一步增加了测序读长。ABI 推出 SOLiD 高通量测序仪，每次运行可产生 4Gb 的数据，同时可区分测序错误和多态性，其原始数据的准确性高达 99.95％，高于其他的高通量测序平台。

2008 年，"炎黄计划"第二步"炎黄 99"启动，旨在"炎黄一号"后再对 99 位黄种人进行基因组测序，并构建一个东亚人种的高分辨率遗传多态性图谱，用以促进对东亚人种的医学研究。

2008 年，中国华大基因、英国桑格研究所及美国国立人类基因组研究所等机构共同发起千人基因组测序计划，对 2500 个体的基因组进行测序，绘制最详尽的人类基因多态性图谱，寻找基因与人类疾病之间的关系，建立精细的人类基因组变异数据库，为人类疾病研究提供科研基础。Illumina 宣布将人类基因组测序费用降至 10 万美元。ABI 宣布，利用 SOLiD 测序平台，人类基因组的测序成本低于 6 万美元。

2009 年，单分子测序平台问世。

2010 年，华大基因主导构建人体肠道微生物参考基因集，开创了高通量测序研究人体肠道菌群的新时代，被称为 21 世纪前 10 年最重要的科研成果之一。

2010 年，Illumina 推出 HiSeq 2000 系列测序仪。Life Technologies 的创始人乔纳森·罗森伯格（Jonathan Rothberg）创办了新的科技公司 Ion Torrent，并于 2010 年成功推出了当时世界上体积最小、检测成本最低的测序仪 PGM。

2011年,Illumina推出了桌面型测序仪MiSeq系列,个人基因组测序降至4000美元。

2012年,Illumina推出了HiSeq 2500测序仪,即HiSeq 2000测序仪的升级版。基因测序企业Oxford Nanopore推出首款纳米孔DNA测序仪。

2014年,华大基因发布BGISEQ-1000测序仪。Illumina推出了HiSeq X Ten测序仪,英国牛津纳米孔技术公司推出一款采用纳米孔测序技术的掌上测序仪MinION,单次可测量含15万个碱基对的基因片段。

2015年,全球最大的基因组学研发机构华大基因发布首款自主研发的国产化测序仪BGISEQ-500,其可应用在科研、健康、现代农业等领域。Illumina推出了HiSeq X 5、HiSeq 4000、Miseq 500测序仪。

2016年,华大智造推出高通量台式测序系统BGISEQ-50,Illumina推出了MiniSeq。

2017年,华大智造发布MGISEQ-2000和MGISEQ-200。MGISEQ-2000拥有双芯片独立运行平台,并添加了两种不同规格的芯片,为使用者提供更多元化的选择。其单次运行能够完成最大600G的下机数据,一年的运行通量相当于1000个以上人全基因组数据量。同时发布的MGISEQ-200则具有方便灵活的特点,在PE100读长模式下满负荷运行可产生60G的下机数据,平均一天就能完成24个肿瘤样本的快速检测。同年,Illumina推出了NovaSeq系列测序仪。高通量测序进入蓬勃发展时期,有望迎来百元基因组时代。

2018年,华大智造发布超高通量基因测序仪DNBSEQ-T7,日产出数据高达6Tb,24h即可完成60人全基因组测序,单人测序成本仅数百美元,推动测序成本以超摩尔定律速度下降(图1-18)。Illumina推出了iSeq 100台式测序仪,它是Illumina系列产品中最小巧、经济适用的测序系统,在使用边合成边测序技术的同时,结合了互补金属氧化物半导体成像电子元件,提升了测序速度和性价比。

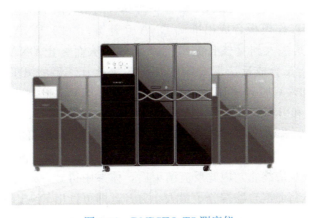

图1-18　DNBSEQ-T7测序仪

2019年,华大智造基于自主测序技术和相关建库技术,向全球发布高精度基因组"676"标准,开启了基因组测序"全高清"时代,对于更全面和准确地获取遗传信息有里程碑式的意义,也将极大地推动个性化医疗的发展。同年其发布了便携式基因测序系统DNBSEQ E系列。

2020年,华大智造发布DNBSEQ-T10×4RS大人群基因组一站式平台。Illumina发布了NextSeq™ 1000和NextSeq 2000测序系统,可满足临床基因检测需求。

图1-19 DNBSEQ-G99 测序仪

2022年，华大智造正式发布中小通量基因测序仪DNBSEQ-G99，这是全球同等通量测序仪中速度最快的机型之一，仅在12h内，就可完成PE150测序数据的产出，特别适用于靶向基因测序和小型基因组测序（图1-19）。

2023年，华大智造发布DNBSEQ-T20×2超高通量基因测序仪，具备每年完成高达5万人的全基因组测序的能力。这一能力在全球范围内处于领先地位，打破了全球基因测序通量和单例测序成本的新纪录。

1.5 基因测序技术原理、方法及仪器

1.5.1 毛细管电泳法测序

自1953年Watson和Crick提出DNA分子双螺旋结构模型以来，对遗传信息的解码一直是科学家关注的重点，很多研究者开始了对DNA测序技术的探索。1975年，Sanger和Coulson使用特异性引物在DNA聚合酶的作用下进行延伸反应、碱基特异性链终止、聚丙烯酰胺凝胶区分长度差一个核苷酸的单链DNA等方法，提出了加减法序列测定技术，但测序结果不太精确。1977年，Sanger等人在加减法测序的基础上发明了双脱氧链末端终止法（Chain Termination Method），又称Sanger法。因该过程是以一种单链的DNA为模板，由引物和DNA合成酶引发的DNA合成过程，因此又被称作酶法。

Sanger法测序的原理是利用DNA聚合酶所具有的两种酶的反应特性：（1）DNA聚合酶能利用单链DNA作模板合成出准确DNA互补链；（2）DNA聚合酶能利用2′,3′ddNTP作为底物使其掺入到寡核苷酸链的3′末端，从而终止DNA链的延长。以待测DNA为模板，在DNA合成反应混合物的4种脱氧核苷三磷酸dNTP（dATP、dTTP、dCTP、dGTP）中加入双脱氧核苷三磷酸ddNTP（ddATP、ddTTP、ddCTP、ddGTP），在DNA聚合酶作用和引物的引导下，依据碱基互补配对的原则，ddNTP和dNTP能同时参与DNA链的合成，若引入dNTP，则新生的寡核苷酸链继续延伸；若引入ddNTP，由于ddNTP 3′位置缺少一个羟基，不能与后边的dNTP形成磷酸二酯键，因此寡核苷酸链就不能再延伸，合成反应终止，因此反应结束后，体系中得到一系列长度不一的DNA片段混合物，通过电泳将此混合物按分子量大小分开，即可读出DNA碱基序列。Sanger测序原理及流程见图1-20，dNTP和ddNTP的分子结构式见图1-21。

以互补序列为GATCCGAT的DNA片段为例，Sanger测序反应如下：

第一个反应中，由于含有dNTP和ddATP，因此遇到A时掺入合成链的可能是dATP或者ddATP，当合成到G时，如果下一个参与反应的是ddATP，DNA链的合成则终止，产生一个仅有两个核苷酸的序列GA，否则继续延伸可以产生GATCCG序列，然后遇到下一个A，同理，此时如果是ddATP掺入合成体系，则产生的序列是GATC-CGA，合成链延伸终止，否则继续延伸产生GATCCGAT。因此，第一个反应产生的都是以A结尾的片段，即GA、GATCCGA。同理，第二个体系中是dNTP+ddCTP，因此第

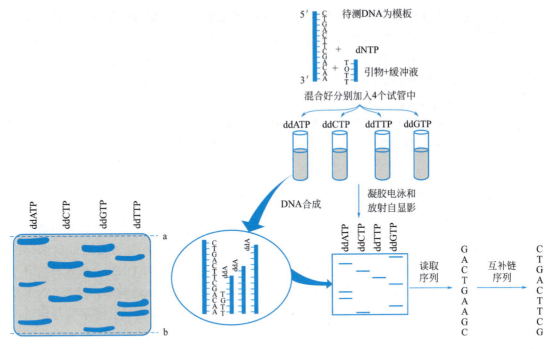

图 1-20 Sanger 测序原理及流程

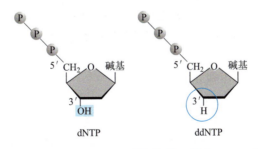

图 1-21 脱氧核苷三磷酸 dNTP 和双脱氧核苷三磷酸 ddNTP 的分子结构式

二个反应产生的都是以 C 结尾的片段，即 GATC、GATCC。第三个反应产生的都是以 G 结尾的片段，即 G、GATCCG。第四个反应产生的都是以 T 结尾的片段，即 GAT、GATCCGAT。反应结束后，进行电泳，电泳时按分子量大小排列，A 反应的片段长度为 2、7，C 反应的为 4、5，G 反应的为 1、6，T 反应的为 3、8。四个反应的产物分别电泳，结果为 8，7，6，5，4，3，2，1，从右向左读为 GATCCGAT，测序反应完成。

Sanger 测序的独特优势是一次可以读取 600～1000bp 的碱基，读长高于高通量测序，同时准确率高，可达到 99.99%，是验证测序准确性的"金标准"。不过，Sanger 测序技术一个反应只能得到一条序列，测序通量低，且测序成本较高，一次人全基因组测序可能需要花费上千万美元，无法满足现代科学发展对生物基因序列获取的迫切需求。

1.5.2 高通量测序技术

高通量测序技术（High-Throughput Sequencing，HTS），又称为大规模平行测序技术（Massive Parallel Sequencing，MPS），是将待测基因处理成短的 DNA 片段，通过簇

生成或者单分子多拷贝聚集的方式"种"在检测芯片表面，然后通过生化循环完成一个个酶促反应，实现循环列阵合成测序。它可以对几十万到几百万条核酸分子进行序列测定，因此也被称为下一代测序技术（Next Generation Sequencing，NGS）。MPS/NGS 是目前最广泛使用的 DNA 测序技术，它的出现，使得对一个物种/个体的转录组和基因组进行细致全貌的分析成为可能。

当前主流的高通量测序技术有三种，分别是乳液 PCR 与半导体合成测序技术、桥式 PCR 扩增与边合成边测序结合的测序技术、DNA 纳米球与联合探针锚定聚合技术结合的测序技术。

1.5.2.1 乳液 PCR 与半导体合成测序技术

乳液 PCR 与半导体合成测序技术的发展可分为两个阶段。第一个阶段称为焦磷酸测序，是一种基于"合成测序"原理的 DNA 测序方法。"合成测序"涉及获取待测序的 DNA 单链，然后通过酶促合成其互补链。该方法可以通过沿着单链 DNA 合成互补链（一次一个碱基对）来对单链 DNA 进行测序，并检测每一步实际添加的碱基。模板 DNA 是固定的，A、C、G 和 T 核苷酸溶液依次添加并从反应中除去。仅当核苷酸溶液与模板的第一个未配对碱基互补时才会产生光。产生化学发光信号的溶液序列可以确定模板的序列。第一款高通量测序仪 Roche 454 就是基于该技术开发的，其将基因测序推进到高通量测序时代。

该方法中，DNA 片段无需进行荧光标记，无需电泳，当碱基在加入到序列中时，会脱掉一个焦磷酸，通过检测焦磷酸释放时基于链式反应产生的光识别碱基，因此，该方法也被称为焦磷酸测序。

焦磷酸测序原理及基本步骤如下：

（1）样品输入并片段化

样品来源，如基因组 DNA、PCR 产物、RNA 等小序列片段，若样品碱基的数量级在 Kb 以上，则要打断为 300~800bp；对于小分子的非编码 RNA 或者 PCR 扩增产物，这一步则不需要。短的 PCR 产物则可以直接跳到步骤（3）。

（2）文库制备

借助一系列标准的分子生物学技术，将 A 和 B 接头（3′和 5′端具有特异性）连接到 DNA 片段上。接头也将用于后续的纯化、扩增和测序步骤。具有 A、B 接头的单链 DNA 片段组成了样品文库。

（3）核酸提取

单链 DNA 文库被固定在特别设计的 DNA 捕获磁珠上。每一个磁珠携带了一个独特的单链 DNA 片段。磁珠结合的文库被扩增试剂乳化，形成油包水的混合物，这样就形成了只包含一个磁珠和一个独特片段的微反应器。

（4）乳液 PCR 扩增

独特片段在微反应器复制，没有竞争及污染序列的影响。乳液被打破后，上百万拷贝序列仍结合在磁珠上。因此，该方法被称为乳液 PCR 法。

（5）基因测序

携带 DNA 的捕获磁珠随后放入 PTP（Pico Titer Plate）板中进行后继的测序。PTP

板含有 160 多万个由光纤组成的孔，孔中载有化学发光反应所需的各种酶和底物。测序开始时，放置在四个单独的试剂瓶里的四种碱基，依照 T、A、C、G 的顺序依次循环进入 PTP 板，每次只进入一个碱基。如果发生碱基配对，就会释放一个焦磷酸。这个焦磷酸在酶的作用下，经过合成反应和化学发光反应，最终将荧光素氧化成氧化荧光素，同时释放出光信号。此反应释放出的光信号实时被仪器配置的高灵敏度 CCD 捕获到，由此就可以准确、快速地确定待测模板的碱基序列。

该方法后来被进一步升级，Thermo Fisher 公司的 IonTorrent 平台在采用乳液 PCR 法的基础上，通过半导体芯片直接将化学信号转换为数字信号，与第一个阶段最主要的不同之处在于，将信号采集的对象从光信号转变为电信号。在 DNA 合成反应中，DNA 聚合酶将一个核苷酸渗入到 DNA 分子中，就会释放出一个带正电荷的氢离子，导致局部可检验的 pH 值发生变化。如果发生结合，就会释放氢离子，相应的溶液 pH 值会发生改变，被离子传感器检测到，从而转换为数字信号。

1.5.2.2 桥式 PCR 扩增与边合成边测序结合的测序技术

此测序技术的核心测序原理为边合成边测序，使用该技术的主流测序平台为 Illumina，其测序过程主要分为四步：

(1) 构建 DNA 文库

利用超声波或限制性内切酶等方法把待测的 DNA 样本打断成小片段，目前除了组装和一些其他的特殊要求之外，主要是打断成 200~500bp 长的序列片段，并在这些小片段的两端添加上不同的接头，构建出单链 DNA 文库。

(2) Flowcell 附着

Flowcell 是用于吸附流动 DNA 片段的槽道，当文库建好后，这些文库中的 DNA 在通过 Flowcell 的时候会随机附着在 Flowcell 表面的 Channel 上，每个 Channel 的表面都附有很多接头，这些接头能和建库过程中加在 DNA 片段两端的接头相互配对，并能支持 DNA 在其表面进行桥式 PCR 扩增。

(3) 桥式 PCR 扩增

桥式 PCR 以 Flowcell 表面所固定的接头为模板，进行桥形扩增。经过不断的扩增和变性循环，最终每个 DNA 片段都将在各自的位置上集中成束，每一个束都含有单个 DNA 模板的很多个拷贝，进行这一过程的目的在于实现模板 DNA 的富集，从而将碱基的信号强度放大，以达到测序所需的信号要求。

(4) 测序

测序方法采用边合成边测序的方法。向反应体系中同时添加 DNA 聚合酶、接头引物和碱基带有特异荧光标记的 4 种 dNTP。这些 dNTP 的 3′-OH 被化学方法所保护，因而每次只能添加一个 dNTP。在 dNTP 被添加到合成链上后，所有未使用的游离 dNTP 和 DNA 聚合酶会被洗脱掉。接着，再加入激发荧光所需的缓冲液，用激光激发荧光信号，并由光学设备拍照进行荧光信号的记录，最后利用计算机分析将光学信号转化为测序碱基信号。荧光信号记录完成后，再加入化学试剂淬灭荧光信号并去除 dNTP 3′-OH 保护基团，以便能进行下一轮的测序反应。经过多次的合成—洗脱—拍照—切除的循环过程，通过荧光信号和拍照的方式来识别核苷酸的序列，最终得到目的片段的碱基排列顺序（图 1-22）。

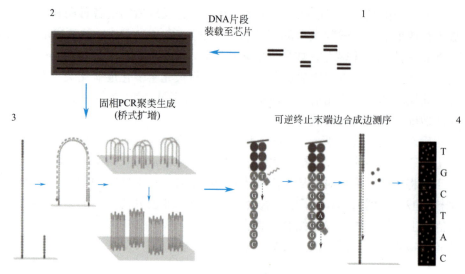

图 1-22　Illumina 测序原理

1.5.2.3　DNA 纳米球与联合探针锚定聚合技术结合的测序技术

此测序技术以 DNBSEQ 技术、DNA 纳米球技术及联合探针锚定聚合（cPAS）测序技术为核心，代表企业为华大智造（MGI），测序过程主要有以下 4 个步骤：

（1）DNA 文库制备

MGI 平台的 DNA 文库制备流程主要为：DNA 片段化—末端修复并添加 A 尾—接头连接—PCR 扩增/PCR Free—单链环化。

样本中提取的基因组 DNA 一般需要利用超声波或酶切法将其打断成合适的长度，对于一些本身片段较短的特殊核酸样本，如血浆游离 DNA 片段，无需被片段化。片段化的 DNA 两端呈黏性末端，因此需将其修复成平末端再加入"A"尾，通过 A-T 互补原则即可在片段化 DNA 的两端添加带有标签序列（Index）的特定接头序列，经过 PCR 扩增后得到 DNA 文库，若 DNA 足量也可选择不经过 PCR（即 PCR-Free）。将带有接头序列的双链 DNA 文库通过高温变性成单链 DNA，并添加 DNA 连接酶和环化引物使单链 DNA 两端互补配对连接成环，即可得到用于制备 DNA 纳米球的单链环状 DNA（图 1-23）。

（2）DNB 生成

此过程是以原始单链环状 DNA 为模

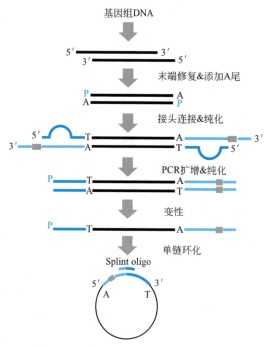

图 1-23　MGI 平台的 DNA 文库制备

板，在 RCA 聚合酶作用下进行滚环扩增反应，得到的测序反应所需信号强度的扩增产物即 DNA 纳米球。其中用到的 RCA 聚合酶，既有 DNA 聚合酶的作用也有链置换的作用，因此在滚环扩增时，能一直以原始模板进行线性扩增，从而避免扩增过程中带来的错误累积，保证了更高的测序准确度。

（3）DNB 加载

DNB 在酸性条件下带负电荷，在表面活化剂的辅助下，与活化后带正电荷的化学修饰位点，通过正负电荷相互作用、重力沉降和分子间相互作用力被加载到芯片规则阵列排布的结合位点上，每个位点直径与 DNB 直径大小一致，因此可实现一个位点正好固定一个 DNB，此过程称为 DNB 加载。DNB 加载后芯片可装载到测序仪上进行测序（图 1-24）。

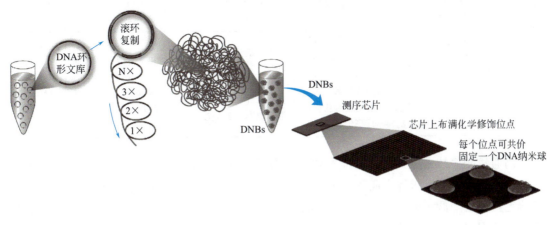

图 1-24　DNB 生成和加载

（4）测序

测序使用的是联合探针锚定聚合技术。在 DNA 聚合酶的催化下，DNA 分子锚和荧光探针在 DNB 上进行聚合，洗脱掉未结合的探针后，在激光的作用下荧光信号被激发，随后利用高分辨率成像系统对光信号进行采集，光信号经过数字化处理后，获得当前待测碱基的信息。然后加入再生洗脱试剂，去除荧光基团，进入下一个循环检测（图 1-25）。

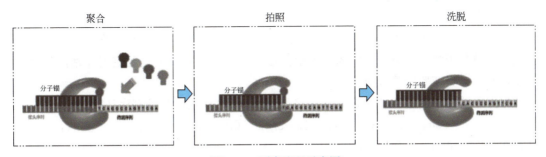

图 1-25　测序流程示意图

1.5.2.4　主流高通量测序技术对比

表 1-1 列出了主流高通量测序技术路线对比。

主流高通量测序技术路线对比　　　　　　　　　　　　　　　　　　　表 1-1

技术路线	原理	优点	缺点	代表企业
桥式 PCR 扩增与边合成边测序结合的测序技术	用不同颜色的荧光标记四种不同的 dNTP，当 DNA 聚合酶合成互补链时，每添加一种 dNTP 就会释放出不同的荧光，根据捕捉的荧光信号并经过特定的计算机软件处理，从而获得待测 DNA 的序列信息	检测准确性高，通量覆盖广，不同测序仪器机型的单机单次运行测序通量范围为 1.2～6000Gb	PCR 扩增技术会导致错误累积，搭配的生化技术会产生标签跳跃，需要使用双接头弥补	Illumina
乳液 PCR 与半导体合成测序技术	以半导体芯片为载体，通过检测 DNA 链在合成时释放的 H^+ 引发的 PH 变化，把化学信号转变成电信号，从而获取碱基信息	运行速度快，通量适中，不同测序仪器机型的单机单次运行测序通量范围为 30Mb～50Gb	PCR 扩增技术会导致错误累积，检测连续相同碱基的准确性较低	Thermo Fisher
DNA 纳米球与联合探针锚定聚合技术结合的测序技术	使用联合探针锚定聚合技术（cPAS），通过将 DNA 分子锚和荧光探针在 DNA 纳米球（DNB）上进行聚合，并利用高分辨率成像系统对光信号进行采集，光信号经过数字化处理后获得高质量高准确度的样本序列信息	检测准确性高，同时产出数据重复序列率低，通量覆盖广，不同测序仪器机型的单机单次运行测序通量范围为 0.25～72000Gb	相比其他产品增加了环化、DNB 生成步骤，但可支持自动化	华大智造（MGI）

高通量测序技术以其出色的成本效益、高通量和准确性，成功弥补了 Sanger 测序在成本、通量和人力需求等方面的不足。它能够一次性对数百万至数十亿条核酸分子进行序列测定，显著降低了测序成本，提高了测序速度，并保持了高准确性。这一技术突破使得个人全基因组测序成本从数十万美金降低至数百美金，有力推动了基因测序技术在各个领域的广泛应用。

然而，高通量测序技术的读长较短，一般为 50～300bp，在结构变异检测和基因组组装等对读长有更高要求的场景中，这一缺陷变得尤为明显。另外，高通量测序建库的时间和方法相对单分子测序更具挑战性。因此，高通量测序技术需要提升读长和操作（特别是建库）的简便性。

1.5.3　单分子测序技术

单分子测序技术，指在测序时，不需要经过模板扩增，实现对每一条 DNA 分子的单独测序。单分子测序理论上可以测定无限长度的核酸序列，目前主要应用在基因组测序、甲基化研究、突变鉴定等方向。

单分子测序平台的典型代表主要有 Helicos 公司的真正单分子测序技术（True Single Molecule Sequencing，tSMS）、Pacific Bioscience（PacBio）公司的单分子实时测序技术（Single Molecule Real-Time，SMRT）和 Oxford Nanopore Technologies（ONT）公司的单分子纳米孔测序技术（The Single Molecule Nanopore DNA Sequencing）。

1.5.3.1　tSMS 平台

Helicos Bioscience（MA，USA）于 2008 年推出的 HeliScope 单分子测序平台被认为是第一个商品化的单分子测序仪。其测序原理 tSMS 是由斯坦福大学的 S. R. Quake 等科学家提出的。tSMS 是一种利用光学信号进行 DNA 碱基识别的边合成边测序（Sequencing by Synthesis，SBS）技术，HeliScope 的文库制备相对简单，首先将待测 DNA 随机打断成约 200bp 大小的片段，然后在 3′末端加上 50bp 带有荧光标记的 poly（A）尾。无需进行 PCR 扩增文库退火形成单链，与芯片上固定的 Oligo dT 探针结合，利用 poly（A）上的荧光标记进行精确定位。接下来依次加入 4 种 Cy5 荧光染料标记的单核苷酸，在 DNA 聚合酶的作用下与模板互补配对并延伸一个碱基，ICCD 相机采集荧光信号。最后通过化学剪切去除荧光基团并清洗，进行下一轮反应（图 1-26）。

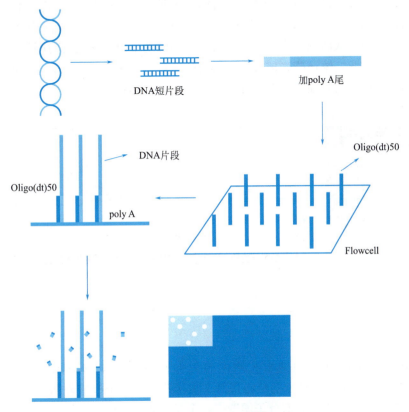

图 1-26 HeliScope 测序

tSMS 技术能够实现单分子测序，主要依赖于高分辨率的 ICCD 相机，能够对单个分子产生的荧光信号进行识别。但是较弱的信号强度导致测序的读长较短，错误率偏高，尽管通过两次测序（Two-Pass Sequencing）能够降低错误率，但同时也提高了测序成本和运行时间。

1.5.3.2　PacBio SMRT 平台

SMRT 测序使用的 Cell 是一张厚度为 100nm 的金属片，一面带有几十上百万个直径为几十纳米的小孔，称为零模波导孔（Zero-Mode Waveguide，ZMW）。

在纳米孔底部，锚定着测序模板（DNA 单链）和 DNA 聚合酶，同时包含着 4 种被不同荧光基团修饰的 dNTP。由于每次添加的 dNTP 所携带的荧光颜色是不同的，在激光的激发下可以发出不同的荧光，根据散射出的荧光信号可以判断添加的碱基类型。

激光从 ZMW 的下方进入，由于 ZMW 的直径小于激光的波长，检测激光会被限制在纳米孔内部，不会进入小孔上方的溶液区，干扰临近 ZMW 的测序；被激发的荧光也只会从 ZMW 下方的玻璃散发，被检测器检测。

DNA 聚合酶介导的延伸反应会沿着一个方向进行，在下一个 dNTP 添加之前，前一个 dNTP 上的荧光基团会从复合物上脱落下来，所以单独的一个碱基检测到的荧光信号只会持续很短的一段时间，根据检测到的不同波长和峰值以及它们之间的间隔，就可以得到和模板序列配对的序列信息。

测序时，每个零模波导孔只允许一条 DNA 模板进入，DNA 模板进入后，DNA 聚合酶与模板结合，加入 4 种不同颜色荧光标记的 dNTP，其通过布朗运动随机进入检测区域，并与聚合酶结合从而延伸模板，与模板匹配的碱基生成化学键的时间远远长于其他碱基停留的时间，因此，统计荧光信号存在时间的长短，可区分匹配的碱基与游离碱基。通过统计 4 种荧光信号与时间的关系，即可测定 DNA 模板序列（图 1-27）。

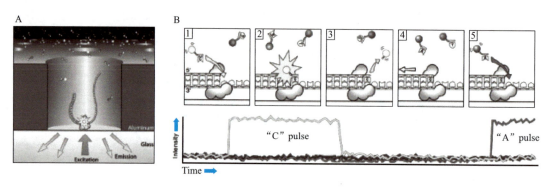

图 1-27　SMRT 测序

1.5.3.3　纳米孔测序技术

Oxford Nanopore 推出的纳米孔测序装置包括 MinION、GridION、PromethION、Flongle 等。Nanopore 平台技术的核心是每个纳米孔结合一个核酸外切酶。首先将在某一面上含有一对电极的特殊脂质双分子层置于一个微孔之上，该双分子层中含有很多的纳米孔，并且每个纳米孔会结合一个核酸外切酶。当 DNA 模板进入孔道时，孔道中的核酸外切酶会"抓住"DNA 分子，顺序剪切掉穿过纳米孔道的 DNA 碱基，每一个碱基通过纳米孔时都会产生一个阻断，根据阻断电流的变化，就能检测出相应碱基的种类，最终得出 DNA 分子的序列（图 1-28）。

1.5.3.4　单分子测序技术的特点

（一）测序读长较长

单分子测序技术利用碱基穿过纳米孔时电信号的改变实现测序，原则上可检测通过纳米孔的全部核酸序列，因此对测序长度没有限制，目前最长读长可达 2.4M。

（二）可进行实时测序

测序文库制备过程简单，无需对样品中核酸进行扩增或逆转录，可以直接对 DNA 或 RNA 进行测序；可边测序边输出结果，能够实现对测序数据的实时分析。

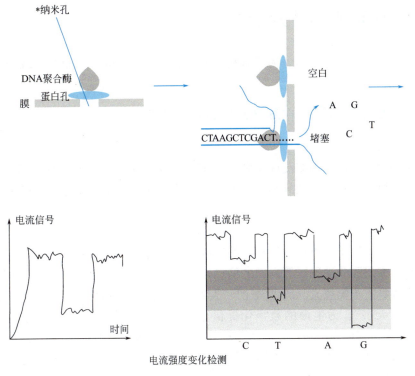

图 1-28 Nanopore 测序原理

(三) 纳米孔测序设备简单便携

目前使用最成熟的 MinION 测序仪可在极地、海洋甚至太空等各种复杂环境下完成实时测序,可保证对突发疫情处理的时效性。

(四) 可直接对 RNA 进行测序

纳米孔测序可以直接对各类形式的 RNA 进行测序,避免目前对 RNA 病毒进行测序和研究时必须将 RNA 逆转录为 DNA 扩增所产生的偏向性及可能引入的突变。

1.5.4　三种测序技术的比较

Sanger 测序、高通量测序和单分子测序之间的区别主要在于测序原理、方法和应用领域的不同,其各有各的优点和缺点,在实际应用中,根据需要选择不同的测序技术来满足研究和检测的需要。三种测序技术的优缺点对比总结如下(表 1-2)。

表 1-2　三种测序技术优缺点对比

技术类别	优点	缺点
Sanger 测序	高准确度,测序"金标准"	通量低,成本高
高通量测序	降低了测序成本,高通量,精度高	读长较短
单分子测序	实时测序,长读长,可直接甲基化检测,DNA、RNA 直接测序	准确性有待进一步提升,成本有待进一步下降

1.6 基因测序技术的应用

基因测序技术的迅速发展，为基础科学研究、医学、环境、农业等领域带来了新的突破和机遇。

1.6.1 基因测序技术在基础研究领域的应用

一、进化研究

通过对不同物种的基因组测序，科学家们可以深入了解物种的演化历程和演化机制。基因测序技术可以揭示基因变异和突变的过程，从而推测不同物种之间的遗传关系，进一步了解生命起源和进化。

二、基因组学研究

基因测序技术用于解析各种生物体的基因组，有助于了解各类基因的功能、结构、基因定位、基因编码和非编码区等方面的信息，对于揭示基因调控网络、研究生物体的发育和生理过程等具有重要意义。21世纪初，人类基因组草图的问世为生命科学的研究谱写了一本生命"天书"，为生命的数字化提供了基础。人类基因组测序的完成是人类迈向"读懂"基因序列的重要一步，它为医学研究提供了前所未有的资源，有望寻找基因和疾病的对应关系，推动现代医学的发展，同时，它可以从分子层面解开人类起源的奥秘，探索人类进化史的谜题。

三、细胞组学研究

基因测序技术可以从细胞水平上解析细胞异质性，构建生命体的全身器官细胞图谱，从而获知每个器官都有哪些细胞，各个组织的共有细胞类型及其特异性标记基因，还可以精细到每个细胞里具体的分子特征及与其他细胞的互作关系。此外，单细胞测序有助于各个组织中的具有分化潜能干细胞的发现，这类细胞或许可以为之后各类器官损伤修复提供细胞来源，也为哺乳动物组织再生研究提供新的思路。总之，测序对于我们理解器官结构组成、胚胎发育和衰老、人类疾病及生命演化等都具有重要的意义。

1.6.2 基因测序技术在农业领域的应用

一、遗传改良

基因测序技术可以通过对农作物基因组的测序，帮助科学家们了解各种性状与遗传变异之间的关系，从而促进农作物品种改良。科学家们可以鉴定拥有特定性状的个体，筛选出更耐逆、高产的品种，提高农作物产量和质量。

二、病虫害防治

基因测序技术有助于了解农作物抗病虫害的遗传机制。科学家们可以通过分析病虫害相关基因和致病菌的基因组，预测农作物与病虫害之间的互动，并开发抗虫、抗病的新型农药。

三、生物育种

基因测序技术对家畜的基因组测序有助于了解家畜的遗传特性，提高繁殖效率和产品质量。科学家们可以鉴定具有优良性状的个体，从而实现有针对性的繁殖，培育出更具经济价值的家畜品种。

1.6.3 基因测序技术在环境领域的应用

一、环境修复

基因测序技术可以应用于环境修复中，帮助科学家们了解微生物的功能和相互作用，促进土壤污染、水体污染的修复。通过分析微生物的基因组，可以预测某些微生物在解污过程中的作用，并针对性地引入这些微生物进行环境修复。

二、生态研究

基因测序技术可用于研究生物多样性和生态系统功能。通过分析环境中不同生物的基因组，科学家们可以了解不同物种之间的关系、能量流动和生态功能，有助于更好地保护和管理生态系统。

1.6.4 基因测序技术在医疗领域的应用

基因测序技术在医学领域的应用前景十分广阔，可细分为肿瘤等疾病检测、个体化用药、病原体检测、生物医学科研服务等多个领域。医生可以通过分析个体的基因组序列，根据基因组特征提早预防和治疗，其对生活健康方面的意义重大。

一、疾病诊断

基因测序可用于诊断遗传性疾病、罕见病和癌症等疾病的基因突变。比如镰刀型贫血症、先天性心脏病、乳腺癌等所有由于基因异常引起的疾病，都可以通过基因检测的方式早发现、早预防、早治疗。

二、个性化用药

基因测序可用于药物反应性测试，指导医生选择最有效的药物或治疗方法来治疗患者。个体化治疗方案有助于改善预后效果，实现精准医疗。

三、药物研发

药物研发中的基因测序可用于寻找新的药物靶点，筛选药物化合物，评估药物毒性，以及进行临床试验设计。

四、癌症研究

基因测序可用于揭示癌症的致病机制，寻找肿瘤相关基因突变，发现潜在的治疗靶点，制定个性化的治疗方案，并监测治疗效果。

习题与思考

一、单选题

1. MGISEQ-200 属于哪种测序技术平台？（　　）
   A. Sanger　　　　B. 高通量　　　　C. 单分子　　　　D. 一代测序
2. 人类基因组大小是（　　）。
   A. 3G　　　　　　B. 5G　　　　　　C. 2G　　　　　　D. 8G
3. 下列关于 Sanger 测序与高通量测序技术的比较中，说法错误的是（　　）。
   A. Sanger 和高通量测序技术其测序的核心原理（除 Solid 是边连接边测序之外）都

是基于边合成边测序的思想

  B. 高通量测序技术的优点是成本较之 Sanger 大大下降，通量大大提升

  C. 高通量测序技术的缺点是扩增过程中会在一定程度上增加测序的错误率，并且具有系统偏向性

  D. Sanger 测序技术的缺点是较之高通量读长比较短

4. Sanger 测序技术的核心思想是（　　），即通过链合成的终止反应来确定 DNA 的序。

  A. 边合成边测序   B. 双脱氧末端终止法

  C. 单分子测序   D. 连接法测序

5. Illumina Hiseq 测序的基本原理是（　　）。

  A. 边合成边测序   B. 双脱氧末端终止法

  C. 单分子测序   D. 连接法测序

二、多选题

目前高通量测序的主要平台代表有（　　）。

  A. 罗氏公司（Roche）的 454 测序仪（Roch GS FLX sequencer）

  B. Illumina Hiseq 平台

  C. ABI 的 SOLiD 测序仪（ABI SOLiD sequencer）

  D. 华大智造 DNBSEQ 平台

三、简答题

1. 简述核酸的结构。

2. 简述基因测序技术的应用领域。

第 2 章
DNBSEQ 测序技术

 教学目标

1. 了解 DNBSEQ 测序技术的原理。
2. 了解文库构建、DNB 制备等测序技术细节。
3. 了解测序流程。
4. 了解 DNBSEQ 的技术优势。

2.1 测序全流程介绍

广义上的测序全流程包括样本提取、文库构建、测序、数据分析。样本提取主要指从各类样本（比如生物样本如血液、组织、唾液、组织液等，环境样本如污水等）中分离提取出核酸分子。文库构建则是将目标 RNA 或 DNA 制备成可以和测序仪器兼容的形式。测序负责将兼容形式的 DNA，通过生化反应释放出的光信号或电信号，读取转化成碱基序列。数据分析将得到的碱基序列进行分析，得到一定的结果（比如物种判断、疾病判断等）。

2.2 样本提取

众所周知，核酸是一切分子生物学研究的基础。核酸提取通常是开启生物学研究的第一步，而且提取的核酸质量高低也是决定下游实验成败的关键因素之一，PCR、QPCR、建库测序、克隆等都需要核酸才能顺利进行。核酸是由许多核苷酸聚合成的生物大分子化合物，为生命的最基本物质之一，分为脱氧核糖核酸（DNA）和核糖核酸（RNA），其中 RNA 又可以根据功能的不同分为核糖体 RNA（rRNA）、信使 RNA（mRNA）和转移 RNA（tRNA）。核酸广泛存在于所有动植物细胞、微生物内，生物体内的核酸常与蛋白质结合形成核蛋白。不同的核酸，其化学组成、核苷酸排列顺序等不同。DNA 主要集中在细胞核内、线粒体和叶绿体中，而 RNA 主要分布在细胞质当中。

核酸提取主要分为总 RNA 提取、miRNA 提取、基因组 DNA 提取和质粒抽提等类型，一般根据实验目标的不同，选择合适的核酸提取类型和方法进行提取，以保证获取的核酸结构的完整性和纯度。目前常见的核酸提取纯化方法主要有三种：

一、沉淀法

这是核酸提取的经典方法，通过苯酚氯仿处理细胞破碎液或者组织匀浆后，在水相中主要溶解的是以 DNA 为主的核酸成分，在有机相中主要是多糖和脂类物质，蛋白质则沉淀于两相之间。离心分层后取出水层，多次重复操作，再合并含核酸的水相，利用核酸不溶于醇的性质，用乙醇沉淀核酸，之后再离心分离和纯化溶解即可得到高纯度核酸。

二、离心柱法

其基本原理是利用裂解液促使细胞破碎，使细胞中的核酸释放出来。把释放出的核酸特异地吸附在特定的硅载体上，这种载体只对核酸有较强的亲和力和吸附力，对其他生化成分如蛋白质、多糖、脂类则基本不吸附，因而在离心时被甩出柱子。再把吸附在特异载体上的核酸用洗脱液洗脱下来，分离得到纯化的核酸。

三、磁珠法

细胞或组织在裂解液作用下，其中的 DNA/RNA 被释放出来，此时经过表面修饰的超顺磁性氧化硅纳米磁珠即与核酸进行"特异性结合"，形成"核酸-磁珠复合物"。然后在外加磁场的作用下，复合物即分离出来。最后经过洗脱液洗去非特异性吸附的杂质、去盐纯化后，即得到欲提取的核酸物质（图 2-1）。

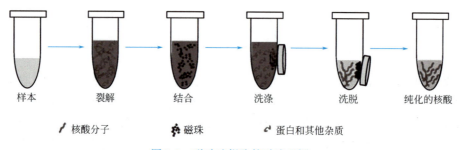

图 2-1　磁珠法提取核酸流程图

2.3　文库构建

随着基因检测技术的发展，大规模平行高通量测序也越来越普及。高通量测序的第一步，就是对提取出来的样品进行文库构建。尽管目前高通量测序正朝着自动化及简单化的方向发展，但测序前的文库构建依旧是一个繁琐却关键的步骤。文库构建的基础是将目标 RNA 或 DNA 制备成可以和测序仪器兼容的形式。从组织或者细胞中将 DNA 或 RNA 提取出来，并通过机械破碎或者是酶切法对其进行片段化。如果前面提取的是 RNA 样本，则需要将 RNA 逆转录为 cDNA。对 DNA 进行接头的连接后，一般还会有一个文库的扩增，即通过 PCR 来对所需的目的片段进行扩增。

文库构建流程：将片段化后的 DNA，经过末端修复和添加 A 尾、接头连接、PCR 扩增，得到双链 DNA 文库；之后通过变性（95℃，3min；冰浴，2min）形成单链 DNA（Single Strand DNA，ssDNA）。ssDNA 在酶的作用下（37℃，30min）与 Splint Oligo 形成单链环状 DNA（Single Strand Circle DNA，ssCirDNA）。接着对产物里的线性模板链和剩余的 Splint Oligo 进行消化，纯化质检后即可得到出库产物。华大智造平台构建文库与其他平台不同之处在于，其文库产物是单链环状 DNA，基本的操作流程如图 2-2。

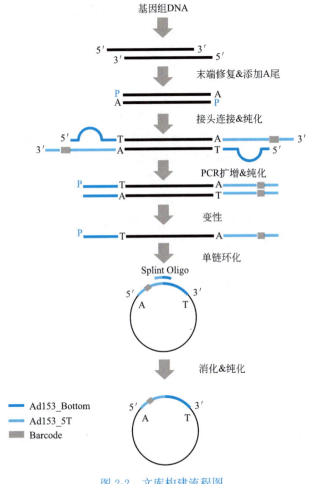

图 2-2　文库构建流程图

2.4　DNA 纳米球制备

DNA 纳米球（DNA Nanoball，DNB）制备技术包含 DNA 单链环化及 DNB 的制备。

DNA 单链环化是将带有接头序列的双链 DNA（Double-Stranded DNA，dsDNA），通过高温变性形成单链 DNA（Single-Stranded DNA，ssDNA），环化引物与 ssDNA 两端互补配对，在连接酶的催化下，ssDNA 的首尾相连接，形成单链环状 DNA（Single-

Strand Circular DNA，sscirDNA）（图 2-3）。

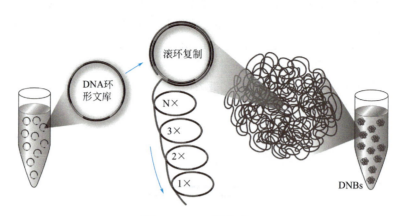

图 2-3　DNB 制备流程

DNB 的制备：得到单链环状 DNA 之后，通过进行 RCA（Rolling Circle Amplification）滚环扩增得到 DNBs。首先扩增引物结合在原始的 ssDNA 接头区域，RCA 酶沿着 ssDNA 进行延伸，ssDNA 变成 dsDNA，其次 RCA 酶在到达引物结合处时行使链置换功能，并继续以原始的 ssDNA 为模板扩增，最后直至完成 100～1000 个拷贝，形成一个线性的 DNA 纳米球，这也是华大智造测序的基本单元。基于 RCA 的线性扩增技术，每次扩增都是以原始的 DNA 单链环为模板，使用保真性极高的聚合酶，使得在 DNB 的所有拷贝的同一个位置出现同样错误的概率几乎是零。RCA 扩增技术有效地避免了 PCR 扩增的错误指数积累的问题，从而大大提高测序的准确性。

这种在体外进行文库信号富集的方式，具备了更低的扩增偏差、无错误累积等特点，最大限度地还原了基因组原始序列信息，提高了测序的准确度，尤其在 InDel 检测上具有显著性优势。

 **名词解释**

InDel：是"Insertion"（插入）和"Deletion"（缺失）的合称，指的是 DNA 序列中相对于参考序列的小片段插入或缺失事件。InDel 可以涉及一个或多个核苷酸的变化，但通常指的是较小的长度变化，比如 1 到几十个碱基。这些变异可以发生在编码区（可能影响蛋白质的结构和功能）或非编码区（可能影响基因的调控）。

InDel 是遗传变异的一种形式，与 SNP 一样，它们可以在个体之间产生遗传多样性。在某些情况下，InDel 可能与疾病相关联，尤其是当它们发生在基因编码区域并导致蛋白质结构的改变时。例如，一个插入或缺失可能导致移码突变，从而改变整个蛋白质的氨基酸序列，或者导致提前终止密码子，从而产生截短的蛋白质。

RCA 过程：夹板引物退火→MDA（Multiple Displacement Amplification，多重置换扩增）酶结合，合成延伸→滚环 15～30min（根据不同的需要），链置换（MDA 酶的效率约为 6000bp/min），RCA 的作用是放大荧光信号，算法软件识别更精准（图 2-4）。

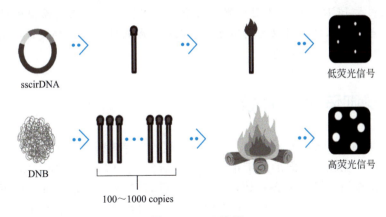

图 2-4　RCA 流程

 名词解释

　　SNP（Single Nucleotide Polymorphism，单核苷酸多态性）：指的是基因组 DNA 序列中单个核苷酸位置上的变异，这种变异在人群中的频率至少达到 1%。每个 SNP 位置上，通常有两种可能的核苷酸（例如，一个位置上可能是 A 或 G），这些变异是人类和其他物种遗传多样性的主要来源之一。

　　SNP 可以位于编码基因、非编码区域或基因间区域，可能对基因的功能和表达产生影响，也可能是中性的。在疾病研究中，特定的 SNP 可能与特定的健康状况或疾病风险相关联。因此，SNP 作为遗传标记，在疾病关联研究、群体遗传学、个体化医疗和药物反应性研究中具有重要的应用价值。

　　接头（Adapter）：是一小段合成的 DNA 序列，它被用于连接到 DNA 片段的两端，以便于在大规模平行高通量测序平台上进行高效测序。接头通常包含几个关键组成部分：

　　（1）测序引物结合位点：这是测序过程中用于结合测序引物的序列，允许测序仪的引物与之结合并启动测序反应。

　　（2）多路复用索引（Multiplexing Index）或条形码（Barcode）：这是一个独特的序列，用于在混合测序多个样本时区分每个样本。每个样本的接头会包含一个不同的索引序列，使得在测序数据分析阶段能够将来自不同样本的读取分开。

　　在文库准备过程中，DNA 片段首先被修饰以便于接头的连接，然后接头通过连接酶反应被连接到 DNA 片段的两端。这样，每个带有接头的 DNA 片段就可以被测序平台上的相应组件识别和处理，从而进行高通量测序。

　　接头的正确连接对于文库的质量和测序结果的准确性至关重要。如果接头连接不当，可能会导致测序效率降低或产生错误的测序数据。因此，在接头设计和文库准备过程需要精确控制，以确保高质量的测序结果。

　　引物（Primer）：是一段短的单链核酸序列，通常由 20~30 个核苷酸组成，它可以与 DNA 模板的互补序列特异性结合。引物在 DNA 的复制和扩增过程中起着至关重要的作用，尤其是在聚合酶链反应（PCR）中。在 PCR 过程中，引物通过与目标 DNA 序列的特定区域互补配对，为 DNA 聚合酶提供起始点，从而启动 DNA 链的合成。

引物不仅用于 PCR 扩增，还用于测序反应。通常引物可以与前面提到的接头中的测序引物结合位点互补配对，用以在测序过程中正确形成互补链。正确设计的引物对于实现高效和准确的测序结果至关重要。

2.5　规则阵列芯片技术

规则阵列（Patterned Array）技术：采用先进的半导体精密加工工艺，通过一系列的光刻与化学处理，在硅片表面形成带正电的活性结合位点阵列，实现 DNB 的规则排列吸附。所有活性位点间距保持整齐一致，每个位点只固定一个 DNB，可保证不同纳米球的光信号不会互相干扰。这不仅保证了测序准确度，而且提高了测序载片的利用效率，提供了极好的成像效率和最优的试剂用量（图 2-5）。

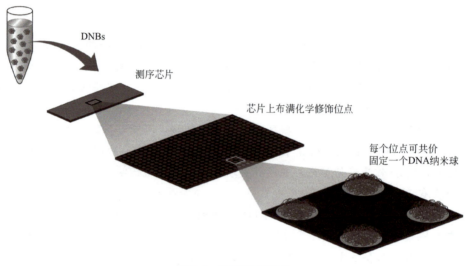

图 2-5　规则阵列技术

2.6　DNB 加载

DNB 在酸性条件下带负电，在表面活化剂的辅助下，通过正负电荷的相互作用，被加载到载片中有正电荷修饰的活性位点（下面简称 Spots）的过程，称为 DNB 加载。

在酸性条件下，带有负电荷的 DNB 可以与带有正电荷活性位点修饰的阵列式载片上的活性位点区域结合，最后进行蛋白包埋固定，保证 DNB 稳固地结合在活性位点上，从而不被液体冲刷掉。测序使用的阵列载片上活性位点的间距均一，并且每个位点只吸附固定一个 DNB，保证了不同纳米球的光信号不会互相干扰，降低了图像采集产生的重复测序片段比率，从而保证了测序的准确度。此外，DNB 与载片上活性位点的直径大小相当，不但可以避免多个 DNB 结合到同一个位点的情况，还能有效避免一个 DNB 结合到多个位点的情况，从而大大提高了有效的 DNB 的利用比率（图 2-6）。

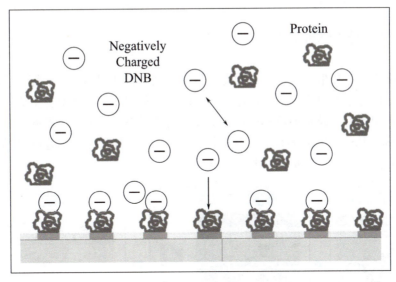

图 2-6　DNB 加载示意图

2.7　联合探针锚定聚合技术原理

在 DNA 聚合酶的催化下，将 DNA 分子锚和荧光探针在 DNB 上进行聚合，洗脱掉未结合的探针后，在激光的作用下荧光信号被激发，随后利用高分辨率成像系统对光信号进行采集、读取和识别，从而获得当前待测碱基的序列信息，然后加入再生洗脱试剂，去除荧光基团，进入下一个循环的检测。测序所用的 DNA 聚合酶从上万个酶突变体中筛选得到，使生化反应时间得以大大缩短（图 2-7）。

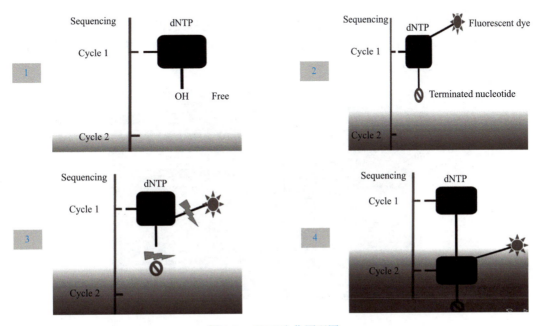

图 2-7　cPAS 生化原理图

2.8 碱基识别算法

碱基识别算法旨在根据各个通道的光信号强度完成碱基识别，并计算每个碱基的质量得分。通过对已有数据模型的训练，建立信号的特征和测序错误的对应关系，在进行碱基识别的时候，根据每个碱基的信号特征输出预估的错误率。质量得分根据 phred-33 质量得分标准。在 Sub-Pixel Registration（亚像素配准）算法的加持下，图像配准精确度达到了亚像素级别，大大提高了碱基识别的准确度（图 2-8）。

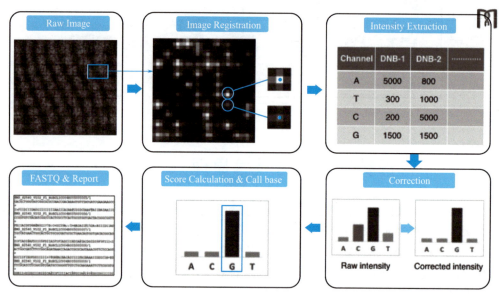

图 2-8 碱基识别算法

碱基的测序错误率是 0.01，那么质量值就是 20（俗称 Q20）；如果是 0.001，那么质量值就是 30（俗称 Q30）。Q20 和 Q30 的比例常常被我们用来评价某次测序结果的好坏，比例越高测序结果就越好（图 2-9）。

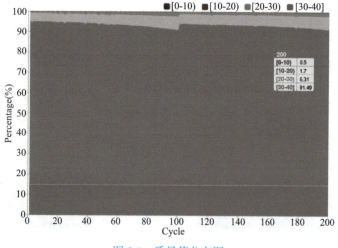

图 2-9 质量值分布图

通过 GPU 或 FPGA 加速的方法，在保证质量的前提下，可以让碱基识别算法运行速度大大提高。

 名词解释

GPU（Graphics Processing Unit）：意为图形处理单元。它是一种专门设计来处理和加速图形和图像处理任务的电子芯片。GPU 最初被设计用于加速计算机游戏和图形密集型应用程序中的图形渲染，但随着时间的推移，它们的应用范围已经扩展到了更广泛的领域。

与 CPU（中央处理单元）相比，GPU 拥有更多的算术逻辑单元（ALU），这使得它们能够并行处理大量的数据。这种并行处理能力使得 GPU 非常适合执行复杂的数学计算和数据分析任务，特别是那些可以分解为多个小任务并且可以并行执行的任务。

在生物信息学和基因组学领域，GPU 被用来加速各种计算密集型任务，如基因序列分析、结构生物学模拟、大规模基因组数据的处理等。使用 GPU 可以显著减少这些任务的计算时间，提高研究效率。例如，在华大基因的 Ztron Pro 解决方案中，集成了 GPU 和 FPGA 计算模块，增加了二级生信分析的能力，这样的硬件配置可以大幅提升生信数据分析的速度和效率。

FPGA（Field-Programmable Gate Array）：意为现场可编程门阵列。它是一种半导体设备，由一系列可配置的逻辑块组成，这些逻辑块可以通过编程来重新配置，以执行特定的逻辑功能。与其他类型的集成电路相比，FPGA 的独特之处在于其可编程性，允许用户根据需要来定制电路的行为。

FPGA 的可编程性使其在需要快速原型设计和定制硬件逻辑的应用中非常有用。它们可以用来实现各种数字电路，从简单的逻辑门到复杂的数字系统，如处理器核心和加密算法。FPGA 通常使用硬件描述语言（HDL），如 VHDL 或 Verilog 来编程。

在生物信息学和基因组学领域，FPGA 可以用来加速计算密集型的任务，例如基因序列的比对、变异检测和大规模数据分析。由于 FPGA 可以针对特定的算法或任务进行优化，它们可以提供比通用处理器更高的性能和效率。例如，Ztron Pro 解决方案中包含了 FPGA 计算模块，这使得它在执行生信分析任务时能够提供更好的性能。

2.9 测序流程

测序流程可以总结概括如下（图 2-10）：

采用 cPAS 测序技术，在适当的温度及试剂环境下，将分别标记不同荧光基团的 dNTP 加入到待测的测序载片，在 DNA 聚合酶的作用下与当前位置模板链的碱基聚合，通过光学系统激发检测得到当前的荧光信号，从而得知当前未知的待测序列，随后替换芯片内的试剂为切除试剂，在适当的温度及试剂环境下，荧光标记被切除，从而不影响下一轮的检测。以上一个循环（Cycle）结束后，重复以上步骤，逐步完成所需要的所有 Cycle 的检测，并称之为一个运行（Run）。

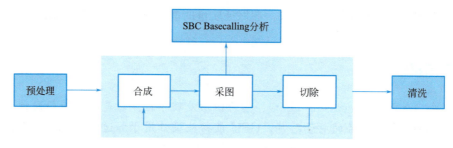

图 2-10　高通量测序流程

2.10　SE/PE 测序

目前，主流的高通量测序平台，比如华大智造的 MGISEQ/DNBSEQ 系列平台、Illumina 的 Hiseq 平台，均有单端测序（Single-End，SE）和双端测序（Paired-End，PE）两种方式（图 2-11）。下面以华大智造 DNBSEQ 测序平台为例展开介绍。

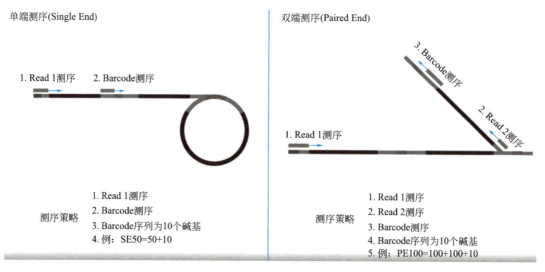

图 2-11　单端测序和双端测序策略

单端测序，顾名思义只有一种测序引物，使得反应只能沿着引物的方向进行，所有的 Reads 都只能按照一个方向进行读取。

双端测序是在完成一链测序（过程与单端测序相同）后，加入具有链置换功能的 DNA 聚合酶进行 DNA 二链合成反应，在持续的延伸过程中，当遇到双链结构的时候，在 DNA 聚合酶的解旋作用下，完成边解旋边复制的反应，形成大量的单链 DNA 作为二链测序的模板，然后杂交二链测序引物，开始二链的 cPAS 测序。双端测序有助于检测基因组重排、重复序列元件、基因融合及新转录本（图 2-12）。

与单端测序相比，除了在相同的时间内，开展相同文库制备工作的状态下，双端测序可产生两倍数量的 Reads 外，其检测序列的准确性更高，而且还能检测出单端测序数据无法检出的插入缺失变异（InDel）。

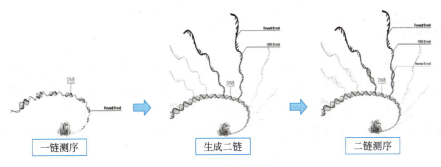

图 2-12 双端测序流程

利用 DNA 聚合酶的链置换特性，实现了 DNB 的双端测序，而且重新合成的二链拷贝数更多，能够获得更强的荧光信号，有效地提高了测序的准确性。

2.11 DNBSEQ 技术总结

通过仪器气液系统先将 DNA 纳米球（DNA Nanoball，DNB）泵入到规则阵列载片（Patterned Array）并加以固定，然后再将测序引物及测序试剂泵入。泵入后的测序引物与载片上的 DNB 的接头互补杂交，在 DNA 聚合酶的催化下，测序引物与测序试剂中的带荧光标记的探针相结合。接下来，通过激发荧光基团发光，不同荧光基团所发射的光信号被仪器相机采集，经过处理后转换成数字信号，传输到计算机进行再次处理，最终获取待测样本的碱基序列信息。

所有跟 DNB 相关的测序技术都属于 DNBSEQ。DNBSEQ 测序技术主要包括：DNA 单链环化、DNB 制备（Make DNB）、规则阵列（Patterned Array）载片、DNB 加载（Load DNB）、CPAS（Combinatorial Probe Anchor Syntheses，联合探针锚定聚合测序法）、双端测序技术（Pair-End），以及配套的流体和光学检测技术碱基识别（Basecall）算法等。

与其他测序技术相比，DNBSEQ 测序技术具有滚环复制扩增带来的低错误累积和规则阵列载片带来的高信号密度等原理性优势，大幅提高了测序准确性；而且，基于 DNBSEQ 测序平台产出数据重复序列率（Dup）低，有效数据利用率高，标签跳跃（Index Hopping）少，能有效降低"张冠李戴"的情况。此外，结合 PCR Free 等技术，DNBSEQ 测序平台拥有更好的 SNP 和 InDel 准确性（图 2-13）。

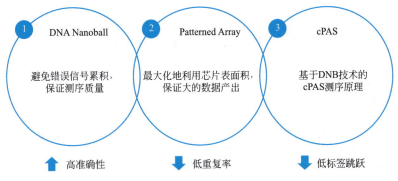

图 2-13 DNBSEQ 测序技术的特点

名词解释

Dup：通常是指重复序列（Duplication）的缩写，它描述了 DNA 序列中的一段碱基序列被复制并插入到了基因组的同一位置或另一个位置。这种类型的遗传变异可以涉及小到几个碱基对的序列，也可以涉及大到包含整个基因或多个基因的长序列。

重复序列可能对个体的遗传特征和健康产生重要影响。例如，某些基因的复制可能导致基因剂量的增加，影响基因表达和蛋白质的产量，进而可能与某些遗传疾病或表型特征相关联。在某些情况下，重复序列可能不会产生明显的健康影响，但在其他情况下，它们可能是病理状态的原因或贡献因素。

可以通过对测序数据进行详细分析来检测这些重复序列。这通常涉及复杂的生物信息学分析，因为重复序列可能难以准确映射到参考基因组上，特别是当重复区域较长或在基因组中高度保守时。因此，Dup 的检测和解释需要精确的测序技术和高级的数据分析方法。

Index Hopping：也称为 Barcode Hopping 或 Index Switching，是指在多样本并行测序过程中发生的一种现象，其中一个样本的索引标签（也称为 Barcode）错误地被分配给另一个样本的序列读取。这种现象通常发生在大规模平行高通量测序中。

在多样本测序中，每个样本的 DNA 片段会被连接上一个独特的索引序列，以便在测序后能够区分不同样本的数据。然而，在测序过程中，尤其是在聚合酶链反应（PCR）扩增阶段，可能会发生索引标签的交叉污染。这可能是样本间的物理交叉污染、扩增过程中的扩增子结合或测序平台上的光学信号重叠等原因造成的。

Index Hopping 会导致数据分析中的混淆，因为来自一个样本的读取可能被错误地归因于另一个样本。这会影响数据的准确性和可靠性，尤其是在低丰度样本或需要高精度分析的研究中。为了减少 Index Hopping 的影响，可以采取一些策略，如使用独特的双索引系统、优化 PCR 扩增条件、增加测序深度或在数据分析阶段进行校正。

习题与思考

一、单选题

1. 以下不属于 cPAS 生化反应时的温度是（　　）。
   A. 40℃　　　　B. 20℃　　　　C. 57℃　　　　D. 95℃
2. 下列哪一项不属于 DNBSEQ 核心测序技术？（　　）
   A. DNB 纳米球　　　　　　　　B. 规则阵列载片
   C. 联合探针锚定聚合测序　　　　D. 桥式 PCR

二、填空题

1. DNB 全称为_____。
2. DNB 制备技术包含_____及_____。
3. DNB 测序技术的优点是产出数据重复序列率低、_____、_____。
4. SE 测序的全称是_____，PE 测序的全称是_____。

三、简答题

1. 简述 cPAS 原理。
2. 简述 cPAS 的测序流程。
3. 简述 DNB 的制作过程。

第 3 章
基因测序仪基本结构

 教学目标

1. 了解测序仪的系统组成。
2. 认识基因测序仪的各个部件。
3. 了解基因测序仪的系统工作流。
4. 了解基因测序仪操作软件。

3.1 概述

随着基因测序技术近年来取得的巨大突破和进展，基因测序仪已经成为现代生物学研究中重要的工具之一，广泛被应用于医疗、农业、环境、基础研究等领域。例如，科学家们可以通过基因测序仪帮助破解某些罕见疾病的基因突变机制，促进相关疾病的诊断和治疗研究。随着测序仪成本的进一步降低、测序速度和准确度的不断提高，基因测序仪在未来还会有更广阔的发展前景。

3.1.1 国产测序仪发展历程

国外的测序仪生产商凭借垄断地位对测序试剂施行逐年涨价策略，收取高昂的服务费用，倒逼了我国加速测序技术的自主研发。经过多年来的不懈努力，国产测序仪在打破进口垄断上取得了丰硕成果。

2013 年，华大收购美国 COMPLETE GENOMICS（CG 公司），对技术进行了转化与再创新，在 2015 年 10 月 24 日，推出了首款桌面型的测序仪 BGISEQ-500（图 3-1）。

2016 年，华大旗下专注为生命科技领域提供核心工具的子公司华大智造正式成立。当年 11 月 5 日，华大智造推出更小型化的台式测序仪 BGISEQ-50。

2017 年，华大智造发布 MGISEQ-2000、MGISEQ-200 两款测序仪。这两款机型分别

图 3-1　深圳国家基因库的 BGISEQ-500 集群

从 BGISEQ-500 和 BGISEQ-50 上升级迭代而来，通量和运行速度都大为提升，提供多种规格测序载片和读长选择，是目前应用广泛的主流机型。

2018 年，华大智造发布超高通量测序仪 DNBSEQ-T7，日产出数据达到 6Tb，达到全球领先水平。

2019 年，华大智造发布 DNBSEQ E 系列测序仪，实现了国产测序仪的便携化，仪器面积仅 $0.1m^2$。

2022 年，华大智造发布台式测序仪 DNBSEQ-G99，它是目前全球中小通量测序仪中速度最快的机型之一。

2023 年，华大智造发布超高通量测序仪 DNBSEQ-T20×2，每年可完成高达 5 万人全基因组测序，为世界各地的大规模基因组项目提供助力，为多组学在人类健康与疾病中的研究和应用提供工具。

3.1.2　主流国产测序仪简介

目前主流的国产测序仪主要包括 DNBSEQ-T7、MGISEQ-2000、MGISEQ-200 等型号，部分测序仪对应的参数如表 3-1 所示。

华大智造主要基因测序仪及参数　　表 3-1

	基因测序仪	基因测序仪	基因测序仪
产品型号	DNBSEQ-T7	MGISEQ-2000	MGISEQ-200
产品特点	超高日通量	灵活	高效
最强应用	大中型测序项目	全基因组、外显子组、转录组测序，以及更多	小型基因组测序，靶向 DNA 和 RNA 测序，低深度全基因组测序

续表

芯片类型	FC	FCL&FCS	FCL&FCS
LANE/芯片++	1 lane	2 或 4 lane	1 lane
运行模式	超高通量	大通量	中通量
最大通量/RUN	6Tb	1440Gb	150Gb
有效 READS 数/芯片	5000M	1500～1800M	500M/100M
平均运行时间	PE150＜24h	FCS:17～37h FCL:14～109h	10～66h
最小读长	PE100	SE50	SE50

3.1.2.1 DNBSEQ-T7

DNBSEQ-T7 首次亮相是在 2018 年第 13 届国际基因组学大会上。这款"全球日生产能力最强的基因测序仪"一经发布，就备受业内关注。基于华大智造独有的测序技术 DNBSEQTM，DNBSEQ-T7 全面升级了芯片、流体、生化及光学系统，从而进一步提升测序效率。无论是单张芯片运行，还是 4 张芯片同时独立运行，DNBSEQ-T7 都能保持强大的处理能力，PE150 仅需不到 24h。此外，其芯片密度提高 20%，单张芯片即可实现 Tb 级数据产出，每天最多可产出 6Tb 数据，真正帮助客户实现强大的数据产出（图 3-2）。

DNBSEQ-T7 全面支持全基因组测序、超高深度全外显子组测序、表观基因组测序、肿瘤大 Panel 基因检测等多种应用场景。

3.1.2.2 MGISEQ-2000

MGISEQ-2000 是一款高度灵活的机型，支持科研、医学临床、司法和农业等领域的测序应用和数据分析。其单次运行数据产出 18.75～1080Gb，满负荷 PE100 仅需要 48h，支持多种读长，包括 SE50、SE100、PE100 和 PE150。MGISEQ-2000 基于 MGI 专有的核心技术 DNBSEQTM，具有更高的准确性、低数据重复率（Duplicate Rate）和标签跳跃（Index Hopping）。其采用优化设计的光学及生化系统，能够在较短时间内完成测序全流程，带给使用者更加精简流畅的测序体验（图 3-3）。

图 3-2　DNBSEQ-T7

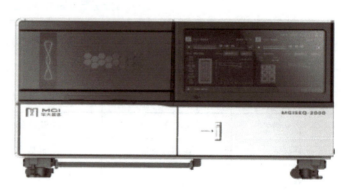

图 3-3　MGISEQ-2000

MGISEQ-2000 是一款中高通量的高通量测序仪，可应用在全基因组测序、外显子组测序、转录组测序、单细胞测序、宏基因组测序等领域。

3.2 系统组成

以下以常见的 MGISEQ-200 测序仪为例，介绍基因的系统组成。

测序仪由主机、控制软件组成。其中，主机包括主体架构、操作系统主机、光学系统、运动平台、载片平台、气液系统、电子控制系统、试剂存储系统、电源系统、显示系统。MGISEQ-200 相关部件及功能如表 3-2 所示。

MGISEQ-200 测序仪相关部件及功能　　　　表 3-2

部件	功能
主体架构	为仪器提供固定支撑
操作系统主机	负责仪器控制、数据采集与处理、数据存储
光学系统	负责测序载片荧光信号图像采集
运动平台	实现测序载片扫描需要的运动及自动对焦功能。一般包含在光学系统里
载片平台	负责测序载片与管路的连通、芯片的温度控制及调平。一般包含在光学系统里
气液系统	负责为仪器完成生化反应提供必要流体及气体支持
电子控制系统	负责仪器电子系统的调度与控制
试剂存储系统	提供试剂存储的环境
电源系统	提供仪器运行需要的各种电源
显示系统	为实现用户交互提供显示的界面

3.2.1 仪器展示

3.2.1.1 整机爆炸图

以 MGISEQ-200 测序仪为例。整机展示如图 3-4 所示，相关组成部分功能如表 3-3 所示。

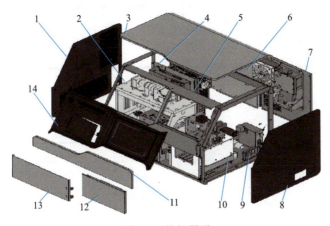

图 3-4　整机展示

相关组成部分功能　　　　　　　　　　　表 3-3

序号	名称	功能
1	左侧板	左侧板有网格窗口,用于仪器散热。左下角是电源接口和电源开关
2	光学系统模块	采集图像
3	上面板	保护仪器内部部件
4	SBC 组件	仪器控制和数据处理
5	框架组件	用于支持整个仪器
6	左后面板	左后面板上有网格窗口,用于仪器散热。接口板和温控板安装在面板上
7	右后面板	右后面板上有网格窗口,用于仪器散热。制冷液冷却模组安装在面板上
8	右侧板	右侧板上有网格窗口,用于仪器散热。还有观察窗,用于查看注射器。右侧板左下角有废液管接口,以及液位传感器接口
9	废液收集模块	收集废液
10	试剂存储模块	储存和冷藏试剂
11	前中板	用于保护仪器内部组件
12	冰箱门组件	仓门打开后,可见 DNB 加载仓以及试剂盒存储仓
13	前面板	用于保护仪器内部组件
14	塑胶面板组件	用于保护仪器内部组件。左侧有芯片舱门,右侧有触摸显示屏

3.2.1.2 不同视角展示图

以 MGISEQ-200 为例,仪器正面图如图 3-5 所示。部件功能如表 3-4 所示。

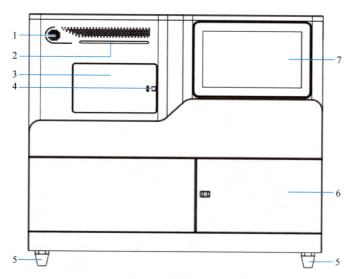

图 3-5　仪器正面图

部件功能（正面所示） 表 3-4

序号	部件	功能
1	蜂鸣器	报警提示
2	状态指示灯	显示仪器当前的状态。绿色表示仪器正在运行中；蓝色表示仪器待机；黄色表示警告，仪器保持运行；红色表示硬件故障或软件错误，仪器停止运行
3	芯片仓	用于容纳测序芯片，为测序反应的区域
4	芯片仓门按键	按下打开仓门
5	固定脚	支撑主机，确保仪器放置平稳
6	试剂仓	用于存放试剂盒和样本管，并提供所需温度
7	触摸屏	显示信息，点击屏幕可进行界面操作

仪器背面图如图 3-6 所示，部件功能如表 3-5 所示。

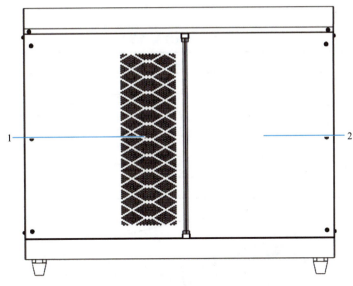

图 3-6　仪器背面图

部件功能（背面所示） 表 3-5

序号	名称	功能
1	仪器出风孔	仪器散热
2	电气控制箱	内含各电气控制板和计算机

仪器左侧图如图 3-7 所示，部件功能如表 3-6 所示。
仪器右侧图如图 3-8 所示，部件功能如表 3-7 所示。

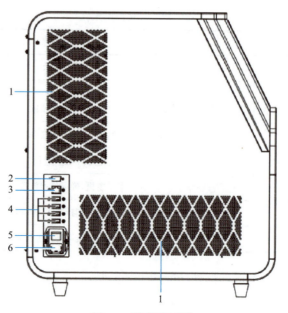

图 3-7 仪器左侧图

部件功能（左侧所示） 表 3-6

序号	名称	功能
1	仪器进风孔	仪器散热
2	UPS 接口	连接不间断电源
3	网口	连接网络
4	USB 接口	连接鼠标、键盘、扫码枪等 USB 设备
5	电源开关	打开或关闭仪器电源
6	电源接口	连接电源线。接口内装有保险丝

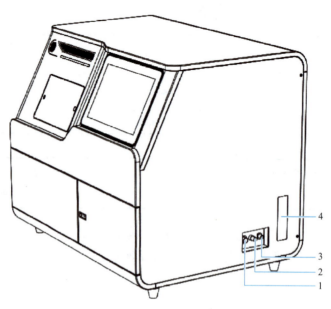

图 3-8 仪器右视图

部件功能（右侧所示） 表 3-7

序号	名称	功能
1	废液接口	连接废液管，将废液排入废液桶
2	液位传感器接口	连接废液桶中的液位传感器
3	预留接口	为以后升级、功能增加提供扩展
4	注射泵观察窗	观察注射泵工作状态

3.2.2 芯片仓

MGISEQ-200 的芯片仓如图 3-9 所示，其部件功能如表 3-8 所示。

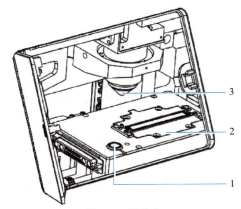

图 3-9 芯片仓

芯片仓部件功能 表 3-8

序号	名称	功能
1	芯片吸附按钮	按下按钮吸附或释放芯片
2	芯片平台	装载芯片并控制芯片温度变化。可装载一张芯片
3	物镜	高分辨率显微成像

3.2.3 试剂仓

MGISEQ-200 的试剂仓如图 3-10 所示，其部件功能如表 3-9 所示。

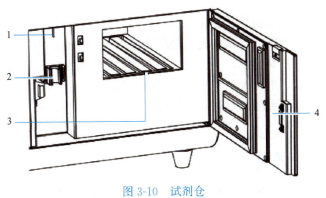

图 3-10 试剂仓

试剂仓部件功能　　　　　　　　　　　　表 3-9

序号	名称	功能
1	取样针	吸取样本
2	样本管座	固定样本管
3	仓体	用于存放试剂盒,并提供所需温度
4	磁吸锁扣	用于仓门的关闭

3.3　主要系统及工作原理

3.3.1　光学系统原理

光学系统作用为拍出清晰的碱基荧光图像,光学系统组成及各部件功能如下:
（1）相机：负责采集图像。
（2）激光器：分别发出两色激光,激发芯片上的荧光基团。
（3）自动对焦模块：负责发出自动对焦信号,指导 Z 轴运动,调整焦面。
（4）载片平台：搭载芯片,并可调节芯片平面,使之与光轴垂直,为生化反应提供条件。
（5）XYZ 平台：XY 轴的运动让镜头扫过整张芯片,Z 轴在对焦模块的驱动下带动镜头到对焦位置。

3.3.2　液路系统原理

液路系统是通过负压驱动的系统。注射泵吸液后,产生负压。吸液时,注射泵的电磁阀切换到试剂通道,负压驱动试剂流经芯片或旁道管路。吸液完成后,电磁阀切换到废液通道,注射泵将注射器中的试剂排到废液桶。

芯片出液管后面有一个电磁阀,可在芯片管路、旁道管路之间切换。当芯片正在进行生化反应或成像时,旁道管路仍可进行预载和清洗等工作,以提高整个系统的运行速度,并减少试剂的使用量（图 3-11）。

3.3.3　气路系统原理

载片平台真空控制系统包括真空泵、压力表、电磁阀、过滤器、金属吸附板（上有沟槽,芯片贴合后形成真空腔,提供均匀的吸附力）以及一些必需的管路。

电磁阀有两种通道控制方式,一种是真空通道,另一种是大气压通道。按下芯片吸附按钮后,真空泵被激活,电磁阀切换到真空通道,芯片载台上的芯片被真空吸附。再次按下芯片吸附按钮,真空泵关闭,电磁阀切换到大气压通道,并往管路中注入空气,芯片被快速释放（图 3-12）。

3.3.4　电子系统原理

SBC 控制气路、液路、温度、机械和光学等部件,完成对测序芯片中信号的检测,并

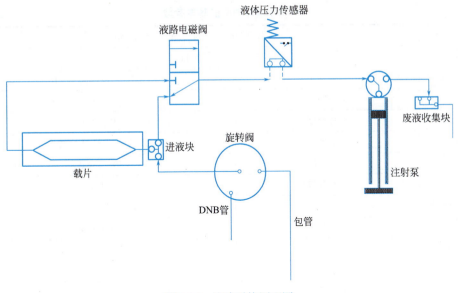

图 3-11　液路系统原理图

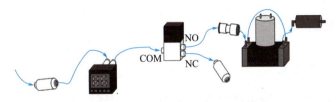

图 3-12　气路系统原理图

将图形信息转换为标准格式的碱基序列文件，再通过图形化界面引导不同类型的用户完成不同的实验，包括测序任务、仪器配置和维护任务（图 3-13）。

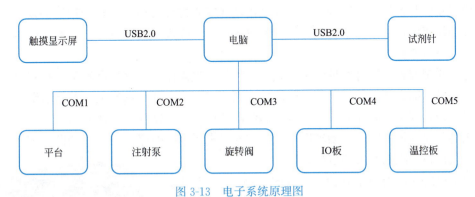

图 3-13　电子系统原理图

3.4　仪器硬件

3.4.1　基本参数

MGISEQ-200 的基本参数如表 3-10 所示。

表 3-10　MGISEQ-200 的基本参数

尺寸		长:654mm,宽:489mm,高:545mm
净重		85kg
电源	电源种类	100～240V,50/60Hz
	运行功耗	900VA
	环境湿度	19～25℃
	相对湿度	15%～85%RH,无冷凝
	气压范围	70～106kPa
	防水等级	IPX0
控制电脑配置	CPU	Intel Core i7-4790
	内存	16GB RAM
	机械硬盘	4TB
	固态系统	256 G
	操作系统	Windows 10

3.4.2　机械结构

3.4.2.1　联锁装置

联锁装置是用于防止危险机器功能在特定条件下（通常是指只要防护装置未关闭）运行的机械、电气或其他类型的装置，可以保护操作人员免受伤害。

联锁装置有机械联锁装置和电气联锁装置两种类型。

一、机械联锁装置

机械联锁装置的工作原理：一般使用钢丝绳或者杠杆机构，以机械位置的变动（也可采用多功能程序锁）来保证在断路器切断电源以前，隔离开关的操作把手不能动作。

二、电气联锁装置

电气联锁装置一般有两种联锁方式。一种是通过操作机构上的联动辅助接点（常开或常闭）去控制隔离开关的把手。当断路器未断开时，隔离开关操作把手不能动作。

另一种是利用距离开关操作机构上的联动辅助接点（常开或常闭）去控制断路器。当拉动隔离开关的把手时，联动辅助接点（常开或常闭）使断路器动作以切断电路，从而可防止带负荷拉动距离开关的事故。

MGISEQ-200 有两个联锁装置（图 3-14）。一个是激光联锁，当打开芯片仓门时，联锁被激活，保护操作者免受激光危害；另一个是试剂针联锁，当打开试剂仓门时，联锁被激活，保护操作者以免被试剂针扎伤。

3.4.2.2　风扇和气流

风扇的气流为从机器内部向外，具有散热作用。散热风扇应有足够的风量和一定的风压，同时要求效率高、

图 3-14　MGISEQ-200 的联锁装置

消耗功率小、工作噪声小（图 3-15）。

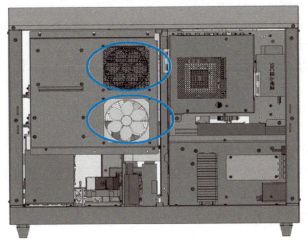

图 3-15　风扇

3.4.3　光学模块

3.4.3.1　激光器

激光的英文"Laser"这个词是由最初的首字母缩略词"LASER"演变而来。LASER 是 Light Amplification by Stimulated Emission of Radiation 的缩写。激光是非常强大的光束，它们可以传播到数公里的天空中，还可以切割金属表面。激光器是一种利用受激发射辐射产生光子的装置。

激光器有两个光源，分别为绿光和红光；通过接口板进行时序控制，先发出绿激光，后发出红激光。绿激光激发 A、T 碱基发出荧光，红激光激发 G、C 碱基发出荧光（图 3-16）。

激光器输入电压为 24V，最高设置电压为 5V。激光器有一定的功率要求。

图 3-16　激光器

3.4.3.2　物镜

能透过光线并使光线折射后生成影像的透明物质（如玻璃、水晶等）称为透镜。透镜是光学仪器中重要的元件。光学仪器中面对被观察物体的透镜叫作物镜（图 3-17）。物镜既可由一个透镜组成，也可由多片质量不同、形状各异的透镜组成。物镜是基因测序仪光学模块的组成部分之一。物镜的优劣直接影响基因测序仪成像的质量。

图 3-17　物镜

物镜的主要性质如下：

1. 物镜的数值孔径

物镜的数值孔径表征物镜的聚光能力，是物镜的主要性质之一，增强物镜的聚光能力可提高物镜的分辨能力。

数值孔径通常以符号"$N.A.$"表示（即 Numerical Aperture）。可推导得出：

$$N.A. = n \cdot \sin u$$

式中　n——物镜与观察物之间介质的折射率；

　　　u——物镜的孔径半角。

因此，有两个提高孔径的途径：

（1）增大透镜的直径或减少物镜的焦距，以增大孔径半角 u。此方法因导致像差增大及制造困难，实际上 $\sin u$ 的最大值只能达到 0.95。

（2）增加物镜与观察物之间的折射率 n。

2. 物镜的鉴别率

物镜的鉴别率是指物镜具有将两个物点清晰分辨的最大能力，以两个物点能清晰分辨的最小距离 d 的倒数表示。d 越小，代表物镜的鉴别率越高。

以物镜数值孔径 $N.A.=0.75$，放大率 20× 为例，其中 $N.A.$ 决定了放大率；放大率又决定了 Pitch 大小，具体计算公式如下：

$$d = 0.61\lambda / N.A.$$

式中　d——物镜分辨的距离；

　　　λ——光纤波长；

　　$N.A.$——数值孔径。

物镜使用不好，会对观察结果造成影响。当物镜脏污时，可以使用擦镜纸蘸 100% 的专用清洁溶剂进行清洁。当物镜松动时，会造成图像有拖影，可拧紧物镜。当物镜不良时，也会造成色差过大。

3.4.4　自动模块

基因测序仪的自动模块包括 XY 平台、Z 平台、自动对焦模块以及各自的控制器和驱动器。

SBC 通过网线将目标位置指令发送到控制器。

控制器主要集成 PID 电路，将获取到的反馈信号（速度和位置）与指令信号进行比较，将差值信号转换为新的指令信号输出给驱动器，然后驱动器输出电压、电流控制电机运动（图 3-18）。

比例积分微分控制（Proportional-Integral-Derivative Control），简称 PID 控制，PID 控制是一种基于误差信号的控制算法，它通过将误差信号与比例、积分、微分三个环节相结合，实现对被控对象的精确控制。具体来说，PID 控制算法的输出为：

$$u(t) = K_p \left[e(t) + 1/T_i \int_0^t e(t)dt + T_d \times de(t)/dt \right]$$

式中　$u(t)$——控制器的输出信号；

　　　$e(t)$——误差信号；

K_p——比例系数;

T_i——积分时间常数;

T_d——微分时间常数。

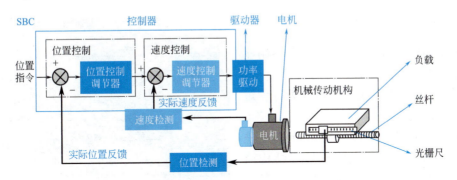

图 3-18 运动控制系统组成框图

比例环节:比例环节的作用是根据误差信号的大小来调整控制器的输出信号。当误差信号较大时,控制器的输出信号也会相应增大,以减小误差;当误差信号较小时,控制器的输出信号也会相应减小,以避免过度调节。积分环节:积分环节的作用是消除稳态误差。当系统存在稳态误差时,积分环节会不断对误差进行积分,并逐渐消除稳态误差。微分环节:微分环节的作用是预测系统的未来行为。当系统出现突变时,微分环节能够及时调整控制器的输出信号,以避免系统出现超调或振荡。

通过将比例、积分、微分三个环节相结合,PID 控制器能够实现对被控对象的精确控制。在实际应用中,根据被控对象的特点和需求,可以对 PID 控制器的参数进行适当调整,以获得更好的控制效果。

PID 控制的特点是结构简单、适应性广、控制精度高、鲁棒性强、易于实现。在实际应用中,可以通过对 PID 控制器进行适当调整和优化,以获得更好的控制效果。

3.4.4.1 XY 平台

XY 平台为直线电机,XY 平台的 X 方向、Y 方向有硬件限位、光电限位(图 3-19)。

直线电机是一种将电能直接转换为直线运动的机械能的装置,广泛应用于各种工业自动化设备、机器人、机床等领域。相比于传统的旋转电机,直线电机具有更高的效率和精度,能够实现更快速、更精确的运动控制。

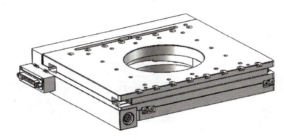

图 3-19 XY 平台

直线电机的基本原理是利用电磁感应原理,通过在导轨上移动的行波磁场和永磁体之间的相互作用,将电能直接转换为直线运动的机械能。当电流通过行波磁场时,会在导轨上产生一个行波磁场,这个磁场与永磁体相互作用,产生一个推动力,使得行波磁场沿着导轨方向运动。这种运动可以被控制系统精确地控制,从而实现直线电机的运动控制。

3.4.4.2 Z轴平台

基因测序仪中的Z轴移动平台控制显微镜的垂直移动,Z轴平台为音圈电机,作用为带动物镜上下运动,特点为行程短速度快(图3-20)。

音圈电机(Voice Coil Motor)是一种特殊形式的直接驱动电机,具有结构简单、体积小、高速、高加速响应快等特性。音圈电机的原理基于电磁感应原理。它主要由音圈、永磁体和导轨组成。当电流通过音圈时,会在永磁体产生的磁场中产生力,使得音圈沿着导轨方向运动。这种运动可以被控制系统精确地控制,从而实现音圈电机的运动控制。音圈电机的特点是高效率、高精度、结构简单、易于集成、响应速度快、可靠性高。

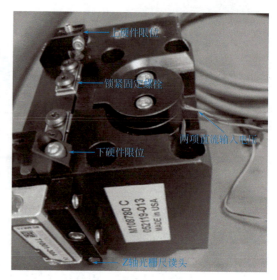

图3-20 Z轴平台

3.4.4.3 控制器及驱动器

控制器是按预定目的产生控制信息的装置,是控制系统实现自动控制的核心组成部分,也可称作整机工作的"指挥员"。

按是否存在反馈通路,控制器可分为闭环控制器和顺序控制器。闭环控制器也叫调节控制器,是在闭环控制系统中接收来自受控对象的测量信号,按照一定的控制规律产生控制信号推动执行器工作,完成闭环控制。顺序控制器是按照预定的时间顺序或逻辑条件顺序推动执行器实行开环控制。

按控制器采用的信号不同,控制器还可分为模拟控制器和数字控制器。

MGISEQ-200系统中有一个控制器,为闭环控制器。本系统的控制器通过网线与SBC及驱动器通信,传输指令(图3-21、表3-11)。

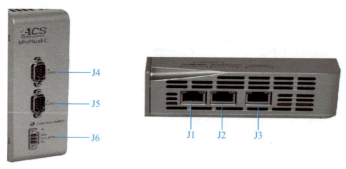

图3-21 控制器

表 3-11　控制器上接口类型

连接头	名称	类型	交配连接器
J1	EtherCAT primary(A)	RJ45	以太网插头
J2	EtherCAT secondary (B)	RJ45	以太网插头
J3	Ethernet	RJ45	以太网插头
J4	COM1	D-type 9 pin male	D-type 9 pin male
J5	COM2	D-type 9 pin male	D-type 9 pin male
J6	Control supply	Phoenix MC 1,5/3-GF-3,81-1827871	Phoenix MC 1,5/3-STF-3,81-18278716

驱动器也称伺服放大器，它将控制器输出的数字信号转换为功率信号以驱动电机运转。它通常也可完成运动三环控制中的电流环，有的还能完成速度环。驱动器有多种保护手段，如过流、过压、过速等保护。

MGISEQ-200 系统有两个驱动器，分别是 2A 和 1A。其中，2A 驱动器连接 XY 轴，1A 驱动器连接 Z 轴。当驱动器接收到指令后，便会控制 XY 轴或 Z 轴电机运动（图 3-22）。

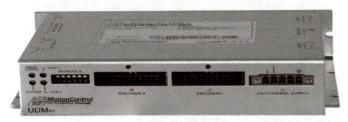

前面板

上面板

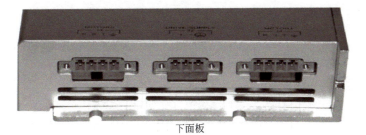

下面板

图 3-22　驱动器

3.4.4.4　自动对焦

自动对焦是一种对焦方式，又被称为"自动调焦"，简称 AF（Auto Focus）。自动对焦系统根据所获得的距离信息驱动镜头调节像距，从而完成对焦操作。

基因测序仪自动对焦模块按以下流程实现自动对焦功能（图 3-23）：

（1）自动对焦模块内部集成红外光源，其向外发射红外光。

（2）红外光经反射棱镜，通过筒镜后，经二向色镜反射到物镜上方，再经物镜传输后成像到物镜下方的芯片上面。

（3）物镜下方的芯片具有反射特性，将入射红外光经原光路反射回自动对焦模块的传感器上，传感器将受到的光强转换成电压进行后续处理，进而转换成 Z 轴需要移动的距离。

（4）自动对焦模块通过对反射光携带信息进行监测，并通过调节 Z 轴以实现光学系统的自动对焦功能。

焦面：Z 轴运动到能够拍到最清晰图像的位置，此 Z 值即为焦面。

图 3-23　自动对焦

3.4.5　载片平台

载片平台包括载片定位块、歧管块（Manifold）、TEC、冷却循环系统、真空泵等（图 3-24、图 3-25）。

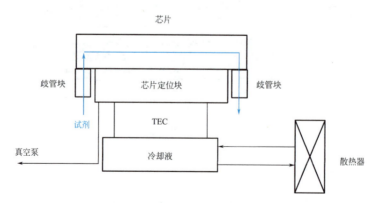

图 3-24　载片平台结构原理图

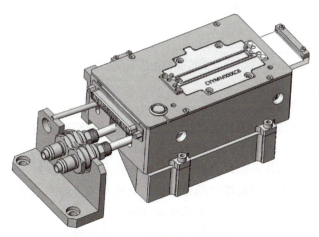

图 3-25 载片平台结构图

Manifold，也称为歧管块。歧管块，也称为歧管或分流器，是一种用于连接、分配和传输流体的设备。它通常由多个分支组成，每个分支都具有特定的尺寸和形状，以满足特定的应用需求。歧管块的设计考虑了流体动力学、流体的压力和流量等因素，以确保流体的顺畅流动和分配。

TEC，全称为半导体制冷器（Thermoelectric Cooler），是一种利用半导体材料的热电效应进行制冷和加热的装置，是一种高效、稳定、无机械运动的热电转换设备。

载片试剂入口和出口各有一个歧管块，均用于与载片构成流道。TEC 和冷却循环系统用于按照生化反应的要求，调整载片内流体的温度，包括制冷和制热。真空泵用于产生负压，用于吸附载片。主要实现如下功能：

（1）芯片的吸附固定，确保 XY 平台在启停、加减速等情况下，芯片不会发生相对运动（图 3-26）。

图 3-26 芯片实物图

（2）芯片与液路的连接，流道的形成及密封。

（3）芯片平台内的 TEC 和冷却循环系统，可根据生化反应的要求，实现对芯片温度的控制，调整芯片内流体的温度，包括制冷（20℃）和制热（60℃），40s 内将温度从 20℃升至 60℃，45s 内将温度从 60℃降至 20℃。

载片平台平整度：三点确定一个面，两个调节旋钮可以调节平台上下移动；调节旋钮为顶丝，顺时针旋转平台上升，逆时针旋转平台下降。

平台平整度参数要求：为保证单 FOV 四角都能正确对焦，以及 FOV 切换时自动对焦的可靠性。要求单 FOV 四角高度差不能大于 $0.3\mu m$，载片长边平行度＜$10\mu m$ 和短边整体平行度＜$10\mu m$。

3.4.6 液路系统

液路系统由管路、试剂仓、旋转阀、液路电磁阀、进出液块、密封圈、注射泵、隔膜液泵和废液桶构成。

(1) 管路：试剂的通路。
(2) 旋转阀：根据需要，选择将连接试剂仓的 18 根分管路中任一根与主管路连通。
(3) 出入口歧管块：连接出入口管道，与芯片出入口对接。
(4) 密封圈：保证芯片进液口和出液口与歧管块之间的密封性。
(5) 注射泵：为试剂的流动提供动力，进行旁路与主管路的切换。
(6) 废液桶：收集并存储仪器产生的所有废液。
(7) 冰箱抽液泵：定期将冰箱中的冷凝水抽取到废液桶。
(8) 试剂仓：用于存储试剂盒及样本管。

MGISEQ-200 系统的试剂封装在 18 孔的一体化试剂盒中，测序样本放置于单独试剂管内。

开始测序前，需先运行预载程序，使试剂经过 Bypass 管路，并根据实际测序需要，抽取试剂，将试剂充满到需要用的分管路。预载完成后，主、分管路充满相应试剂。

测序时，根据生化程序的需要，旋转阀依次将各分管与主管路连通，注射泵上的电磁阀切换到与试剂管路连通的状态，注射泵抽取试剂，试剂在负压作用下从试剂盒中流经分管路、旋转阀、主管路和芯片，最后进入注射泵中。抽取完毕后，电磁阀切换到与废液管连通的状态，注射泵将刚刚抽取的液体抽出到废液桶中。

测序完成后，需取出试剂盒，更换为装有去离子水的水洗盒，运行清洗程序，冲洗所有管路数遍。每隔一段时间，还需使用氢氧化钠溶液等对管路进行深度清洗、保养。

3.4.6.1 试剂仓及组件

试剂仓的核心组件是试剂针组件，包括试剂针电机、丝杆、固定支架、试剂针和试剂针导向板等（图 3-27）。

开机后，试剂针初始化，电机带动试剂针向上回到最高位。工作时，程序控制试剂针下降，扎破试剂盒上的封膜直至底部。取样针随试剂针升降，工作时下降至样本管底部。加载、测序、水洗等步骤完成后，程序控制试剂针向上回到最高位。

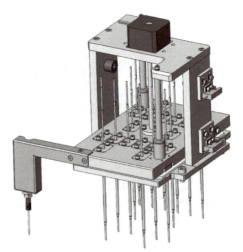

图 3-27 试剂仓的构成

3.4.6.2 DNB 加载组件

DNB 加载组件的功能是将样本加载到载片中。

3.4.6.3 旋转阀

每一个旋转阀对应一块小接口板和一块控制板。旋转阀有一个中心孔，接主管路；周围有 24 孔，用于接样本针等。

3.4.6.4 液路电磁阀

液路电磁阀有一个，通过切换使主管路与 Bypass 或过载片管路连通。Bypass 的作用方式为试剂预载和测序中清洗管路（避免试剂间污染）。

3.4.6.5 进出液块

进出液块的主要功能是样本、清洗剂等试剂的进出管道（图 3-28）。

图 3-28　进液块（左）与出液块（右）

3.4.6.6 注射泵组件

注射泵为整个流体系统提供动力，位于机器的右后下方（图 3-29）。

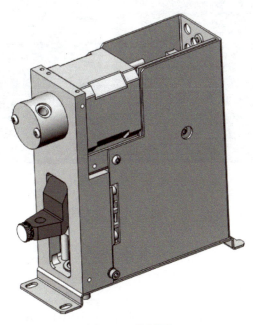

图 3-29　注射泵

3.4.6.7 废液组件

黑色线为液位传感器信号线，白色管路测序废液管，废液桶可放于地面（图 3-30）。

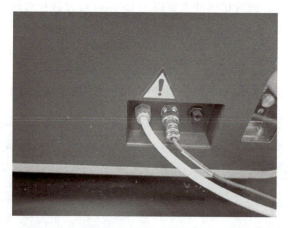

图 3-30 废液组件

当液位上升，浮漂上升接触到上端薄片时，触发警示，此时是提醒废液桶满（图 3-31）。

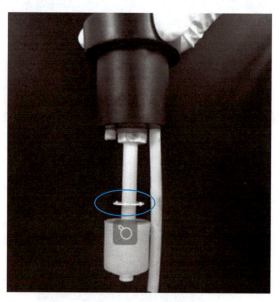

图 3-31 液位上端薄片

当测试传感器时，可以倒置，看看能否正常触发警示。

3.4.7 气路系统

3.4.7.1 芯片平台

芯片平台如图 3-32 所示，通过气孔抽吸平台表面的沟槽，可使平台表面产生负压，吸附芯片。

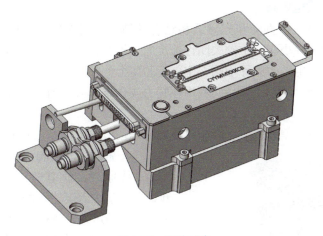

图 3-32　芯片平台

在吸附芯片前,要保证载片平台的洁净,否则易导致负压不足。

载片平台可用空气压缩罐吹或用无尘纸蘸实验室用水清洁。在清洁时,请注意不要在载片平台表面留下划痕,避免漏气。

3.4.7.2　空气滤芯

空气滤芯是一种过滤器,又叫空气滤筒、空气滤清器等,主要用于工程机车、汽车、农用机车、实验室、无菌操作室及各种精密操作室中的空气过滤(图 3-33)。

MGISEQ-200 使用的空气滤芯,其过滤等级 10μm。在安装时应注意安装方向(图 3-33 箭头指示),建议一年更换一次。

3.4.7.3　气路三通电磁阀

电磁阀(Electromagnetic Valve)是用电磁控制的工业设备,它是用来控制流体的自动化基础元件,属于

图 3-33　空气滤芯及其安装方向

执行器,并不限于液压和气动,一般用在工业控制系统中调整介质的方向、流量、速度和其他参数。

电磁阀可以配合不同的电路来实现预期的控制,而控制的精度和灵活度都能够保证。电磁阀有很多种,不同的电磁阀在控制系统的不同位置发挥作用,最常用的是单向阀、安全阀、方向控制阀、速度调节阀等。

电磁阀从原理上分为三大类,分别为直动式电磁阀、分布直动式电磁阀和先导式电磁阀。

一、直动式电磁阀

工作原理:通电时,电磁线圈产生电磁力把关闭件从阀座上提起,阀门打开;断电时,电磁力消失,弹簧把关闭件压在阀座上,阀门关闭。

工作特点:在真空、负压、零压时能正常工作,但通径一般不超过 25mm。

二、分布直动式电磁阀

工作原理：这是一种直动和先导式相结合的原理，当入口与出口没有压差时，通电后，电磁力直接把先导小阀和主阀关闭件依次向上提起，阀门打开。当入口与出口达到启动压差时，通电后，电磁力先导小阀、主阀下腔压力上升，上腔压力下降，从而利用压差把主阀向上推开。断电时，先导小阀利用弹簧力或介质压力推动关闭件，向下移动，使阀门关闭。

工作特点：在零压差或真空、高压时亦能动作，但功率较大，要求必须水平安装。

三、先导式电磁阀

工作原理：通电时，电磁力把先导孔打开，上腔室压力迅速下降，在关闭件周围形成上低下高的压差，流体压力推动关闭件向上移动，阀门打开；断电时，弹簧力把先导孔关闭，入口压力通过旁通孔迅速泄压，腔室在关阀件周围形成下低上高的压差，流体压力推动关闭件向下移动，关闭阀门。

工作特点：流体压力范围上限较高，可任意安装（需定制）但必须满足流体压差条件。

MGISEQ-200 平台采用的是三通电磁阀，如图 3-34 所示。

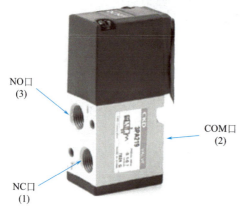

图 3-34　三通电磁阀

NC 口连通空气，COM 口连通载片平台，NO 口连通负压泵。非通电时，NO 口与 COM 口连通，NC 口关闭；通电时，NC 口与 COM 口连通。

3.4.7.4　真空压力表

以大气压力为基准，用于测量小于大气压力的仪表，称为真空压力表。真空压力表适用于无爆炸、不结晶、不凝固，对铜和铜合金无腐蚀作用的液体、气体的真空压力测量（图 3-35），例如石油管道、水利水电、铁路交通、智能建筑、生产自控、航空航天、军工、石化、油井、电力、船舶、机床、管道送风、真空设备等压力的测量。

压力根据海拔设置，如压力在范围内，则显示为蓝色，超出压力范围则显示为红色（表 3-12）。

图 3-35　真空压力表

不同海拔高度对应的压力范围　　　　表 3-12

海拔高度	上限	下限
0～500m	−80kPa	−99kPa
500～1500m	−75kPa	−95kPa
1500～2500m	−60kPa	−80kPa
2500～3500m	−55kPa	−70kPa

3.4.7.5 真空泵

真空泵是指利用机械、物理、化学或物理化学的方法对被抽容器进行抽气而获得真空的器件或设备。通俗来讲，真空泵是用各种方法在某一封闭空间中改善、产生和维持真空的装置（图 3-36）。

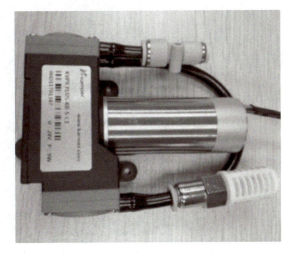

图 3-36　真空泵

按真空泵的工作原理，真空泵基本上可以分为两种类型，即气体捕集泵和气体传输泵。

3.4.8　电路系统

3.4.8.1　电源模块

电源模块位于仪器左侧左下方，电流通过滤波器并经过端子排到电源模块（图 3-37），电源模块输入电压为 AC 100～240V，输出电压为 DC 24V 和 DC 48V。

图 3-37　电源模块

3.4.8.2 接口板和温控板

接口板的主要功能为监测状态和控制运行（图 3-38）。
温控板的主要功能为监控和控制温度（图 3-38）。

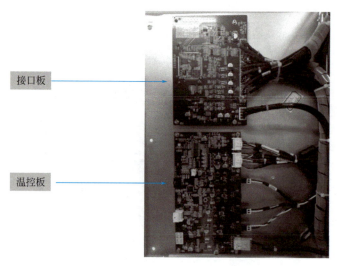

图 3-38　接口板和温控板

3.4.9　单板计算机（SBC）

3.4.9.1 计算机主机箱

MGISEQ-200 系统采用的是单板计算机，通常称为 SBC，指的是把微处理器、存储器与接口部件安装在同一块印制板上的计算机。计算机主机箱如图 3-39 所示。

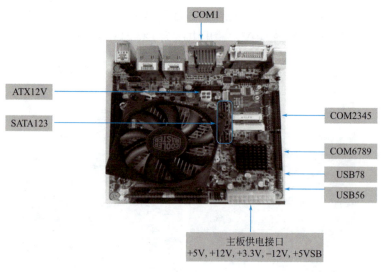

图 3-39　计算机主机箱

3.4.9.2 主板

SBC 是一个完整的计算机系统。每个 SBC 包含一个 CPU、GPU、芯片组和 I/O 端口，这些端口都焊接在硅板上。根据使用场景的不同，硅板上还可添加一些附加的部件，如 RAM、存储设备或附加的 I/O 端口。与其他主板相比，SBC 要小很多，但功能却很强大，它们不仅可以处理、计算复杂的任务和数据遥测应用程序，而且由于其外形尺寸小，几乎适合任何嵌入式解决方案。计算机主板的组成如图 3-40 所示。

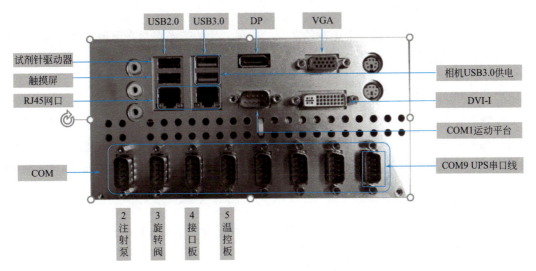

图 3-40 计算机主板组成示意图

3.4.9.3 SBC 配置

MGISEQ-200 系统所用的 SBC，其详细的配置情况如表 3-13 所示。

表 3-13 SBC 的配置情况

项目	配置
操作系统	Windows 10 企业版
处理器	Intel Core i7-4790
内存	16GB RAM
机械硬盘	4TB
固态硬盘	256G
显卡	NVIDIA GeForce GTX 1070

3.5 芯片与试剂

3.5.1 芯片介绍

基因芯片是生物芯片的一种，集成了微电子制造技术、激光扫描技术、分子生物学、物理和化学等先进技术。基因芯片包括塑料外框以及一块玻璃硅片。

3.5.2 芯片类型

基因芯片包括常规芯片和快速芯片。

3.5.3 芯片使用方法

3.5.3.1 工程芯片

工程芯片是指装载有荧光染色球的芯片。这种芯片的荧光在激光照射下能保持较长时间（几分钟，根据荧光染色球的数量而定），所以只用于光学调试。

3.5.3.2 生物芯片

生物芯片是指装载有第一个循环的大肠杆菌 DNB 的芯片。这种芯片的属性与测序芯片极为相似，故其用于光学精确调试。工程芯片一般用于粗略调试，而生物芯片一般用于精确调试。激光照射下荧光剂无法长时间有效（大约 10s），且激光照射将破坏 DNB 结构。

3.5.3.3 测序芯片

测序芯片是指装载有一般样本 DNB 的芯片。此芯片用于 DNA 测序。有时也可用信号良好的测序芯片来检验和调试光学系统。

3.5.3.4 清洗芯片

清洗芯片用来进行清洗操作。使用过的、洁净的、无试剂结晶的测序芯片可作为清洗芯片用来清洗。

3.6 系统工作流

3.6.1 测序预载工作流

测序之前需进行预载。预载是指向管路中充满试剂。

3.6.2 DNB 加载工作流

将 DNB 加载到芯片上，是通过测序仪上的试剂仓左侧的 DNB 加载部件，进行 DNB 加载。

3.6.3 化学反应工作流

每个循环包括两个化学反应步骤：结合、切除。结合和切除需在 50℃ 以上高温进行。
如进行的是 PE 测序，在 Read1 和 Read2 测序之间需要增加 MDA 处理。MDA 处理一般在 30~40℃下进行。

3.6.4 成像工作流

拍照之前，需进行芯片配准。注册过程中，系统将找到芯片的起始位置，并测出旋转角度。完成后，系统开始扫描芯片。扫描过程中的"停止和发射"是指 XY 平台移动到逐个视场，然后打开激光器，打开相机进行曝光。小心激光会对眼睛造成伤害，不要用肉眼直视激光光束。

3.6.5 清洗工作流

测序完成后，需对系统进行清洗。

将清洗试剂盒放入试剂仓，执行清洗程序以清洁仪器。清洗试剂流经各个管路，并冲走残留物。

习题与思考

一、单选题

1. MGISEQ-200 测序仪的供电电压范围是（　　）。
   A. 100～250VAC　　　　　　　　B. 120～220VAC
   C. 120～240VAC　　　　　　　　D. 100～240VAC
2. MGISEQ-200 测序仪中，（　　）去驱动旋转阀等器件。
   A. PD 板　　　B. 温控板　　　C. 接口板　　　D. 转接板
3. MGISEQ-200 测序仪中，（　　）提供整个流体系统的负压动力。
   A. 旋转阀　　　B. 注射泵　　　C. 真空泵　　　D. 膜膜液泵
4. MGISEQ-200 测序仪中，Tecan 注射泵使用的注射器量程是（　　）。
   A. 150μL　　　B. 100μL　　　C. 250μL　　　D. 200μL
5. 自动对焦模块的作用是（　　）。
   A. 调节光强
   B. 调节物镜对准载片焦面
   C. 带动载片平台移动到物镜下方
   D. 拍照，生成 H、L 两张图像

二、填空题

1. 真空泵是指＿＿＿＿＿＿＿＿＿＿＿＿＿＿＿＿＿＿＿＿＿＿的器件或设备。
2. XYZ 平台的作用是 XY 轴＿＿＿＿＿＿＿＿＿＿＿＿，Z 轴在对焦模块的驱动下＿＿＿＿＿＿＿＿＿＿＿＿＿。

三、问答题

1. 请描述 MGISEQ-200 气路系统的组成。
2. 简述 MGISEQ-200 的主机结构，并简要说明各部分的功能。

第 4 章
基因测序仪控制软件及使用

 教学目标

1. 了解基因测序仪控制软件各个控件的功能。
2. 上机学会控制软件的使用。

4.1 软件概述

测序仪控制软件系统与硬件板卡上的单片机程序协同工作,通过约定的通信协议和特定的物理接口,对 MGISEQ-200 设备中的气路、液路、温度、机械、光学等部件进行控制,以拍照的方式完成对生物芯片中 DNB 荧光信号的采集;算法软件将图片信息转换为标准格式的碱基序列文件,作为后续信息分析软件的输入。

软件控制系统包含 GUI(图形化用户界面)和应用控制(服务程序)两个子系统,GUI 调用应用控制子系统提供的接口实现用户对设备的控制,应用控制通过发送消息通知 GUI 当前设备的工作状态;应用控制和算法分析子系统之间通过特定方式进行数据交互,应用控制采集的图片作为算法分析的输入,算法分析计算得到的质控信息能够实时反馈给应用控制,并得以在 GUI 上进行展示,用户可以第一时间了解测序的状态和质控信息(图 4-1)。

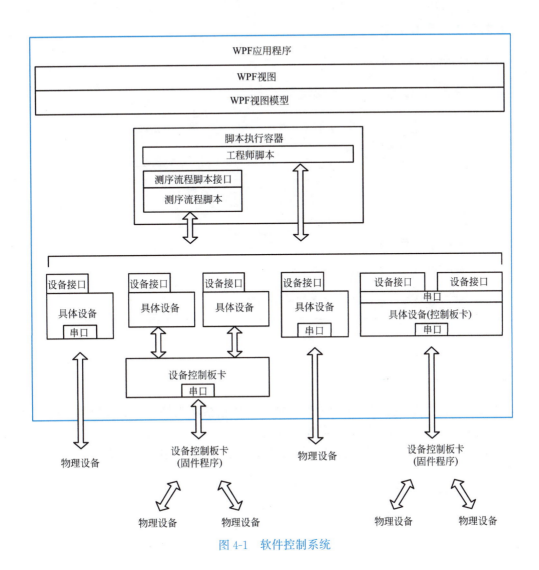

图 4-1　软件控制系统

4.2　工程师界面（EUI）

4.2.1　图标和位置

图 4-2 展示的是 MGISEQ 系列测序仪的工程师界面图标，它是机器和用户进行信息交流的平台。通过鼠标双击工程师界面图标，即可打开工程师软件，执行用户所需的后续操作。

4.2.2　主界面

工程师界面集成了平台控制的所有命令，包括 XY 平台移动、Z 平台移动、自动对焦设置等。

图 4-2　工程师界面图标

4.2.2.1 平台页签

图 4-3 展示的是平台页签。

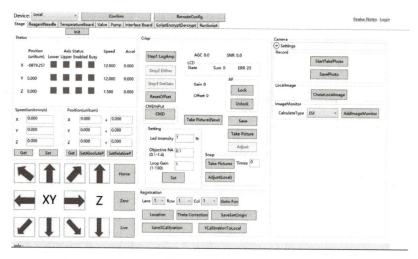

图 4-3　平台页签

4.2.2.2 IO 板页签

IO 板（即接口板）控制着多种辅助功能，具体包括激光控制、电源控制、蜂鸣器控制、LED 控制、真空泵控制以及风扇控制（图 4-4）。

当指示灯变红，则表示此部件处于忙碌状态，被占用，或者异常状态。

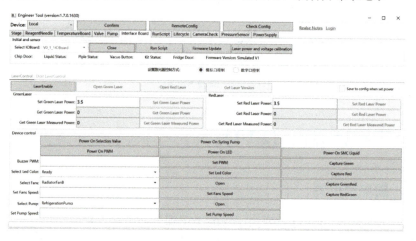

图 4-4　IO 板页签

4.2.3　配置界面

4.2.3.1　按钮

点击 EUI 的 Config，可进入远程配置用户端。

4.2.3.2 主界面

图 4-5 展示的是远程配置用户端主界面。

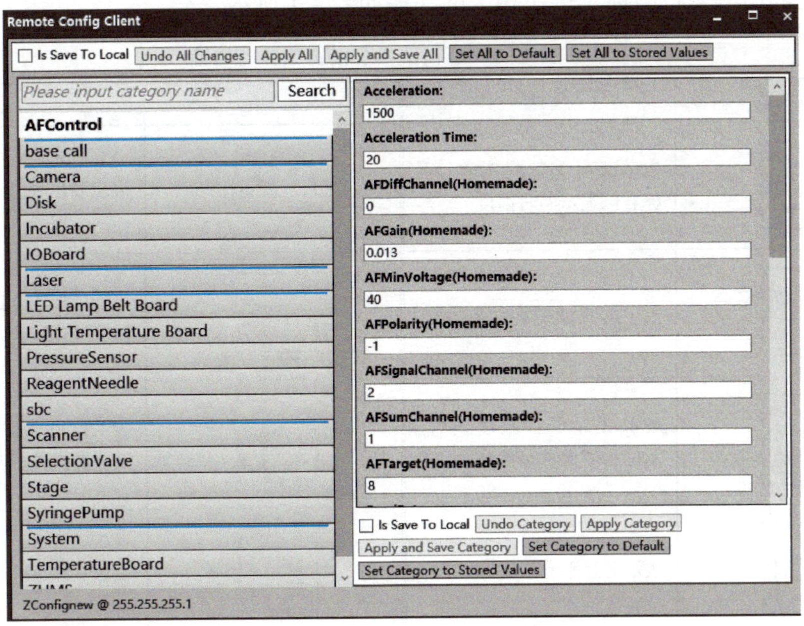

图 4-5　远程配置用户端主界面

4.3　生产用户界面（PUI）

生产用户界面（Product User Interface），缩写为 PUI（图 4-6）。PUI 是工业化时代人机交互的主要通道。

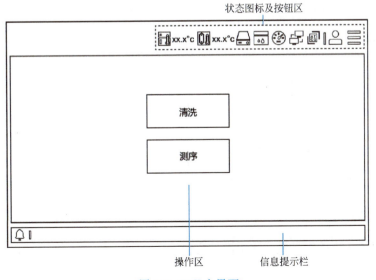

图 4-6　PUI 主界面

PUI 主界面分为状态图标及按钮区、操作区和信息提示栏。

4.3.1 状态图标及按钮区

PUI 主界面状态栏图标及按钮相关的功能如表 4-1 所示。

PUI 主界面状态栏图标及按钮相关的功能 表 4-1

图标/按钮	功能	图标/按钮	功能
	表示试剂仓温度正常。图标右侧显示实时温度		表示负压异常
	表示试剂仓温度异常		表示仪器与 LIMS 软件所在服务器连接正常
	表示芯片平台温度正常。图标右侧显示实时温度		表示仪器与 LIMS 软件所在服务器连接异常
	表示芯片平台温度异常		表示 basecalling 连接正常
	表示磁盘空间充足		表示 basecalling 连接异常
	表示磁盘空间不足		表示正在工作。此图标为动态图
	表示废液桶空间充足		点击按钮,输入用户名和密码,登录系统
	表示废液桶空间不足		点击可查看日志,修改设置,进行维护,锁屏,关机或重启仪器,以及查看仪器信息
	表示负压正常		

4.3.2 操作区

操作区用于选择操作菜单,演示操作流程。

4.3.3 信息提示栏

信息提示栏包括信息提示图标、日志信息。

信息提示图标显示蓝色时，表示仪器工作正常；显示黄色并闪烁时，表示警告信息；显示红色并闪烁时，表示报错信息。

信息提示图标右侧滚动显示日志记录。

4.3.4 日志界面

在日志界面可以查看相关日志，界面相关的控件说明如下：

【返回】：通过【返回】按钮，可以点击退出日志界面，返回上一级界面。

【全部】：通过【全部】按钮，点击显示所有日志记录，记录根据日期降序排列。进入日志界面后，默认显示全部日志。

【信息】：通过【信息】按钮，点击显示信息日志，以绿色圆点标记。

【警告】：通过【警告】按钮，点击显示警告日志，以黄色圆点标记。

【异常】：通过【异常】按钮，点击显示异常日志，以红色圆点标记。

【x/x】：通过【x/x】按钮，显示当前页及总页数。

【<】：通过【<】按钮，点击按钮返回上一页。

【>】：通过【>】按钮，点击按钮返回下一页。

4.3.5 系统设置界面

在系统设置界面，可设置系统语言、屏幕锁定前等待时间和蜂鸣器音量。

登录系统，点击主界面 图标，选择【设置】，即可进行相关设置。

系统设置界面相关控件说明如下：

【语言】：该控件设置软件界面语言，重启后生效。

【自定义设置】：该控件点击设置系统自动锁屏前的等待时间，以及调节蜂鸣器的音量。

4.3.6 系统维护界面

在系统维护界面可执行管路排空、自检和清除历史数据。

登录系统，点击主界面 图标，选择【维护】，即可进行操作。

系统维护界面相关控件说明如下：

【管路排空】：点击【管路排空】按钮，仪器自动清空所有管路中残留的液体，并将液体排出至废液桶中。绿色显示正在被清理的管路。

【自检】：点击【自检】按钮，仪器自动进行硬件监测。每完成一项，监测结果显示在界面上。所有监测完成后，界面显示自检成功。

【清除历史数据】：点击【清除历史数据】，可清除历史数据。

4.3.7 锁屏

点击【锁屏】按钮，可执行锁屏操作。

登录系统，点击主界面 图标，选择【锁屏】，在弹出的提示框中，点击【锁屏】，系统启动锁定屏幕。

如需要继续测序，请重新登录。

4.3.8 关机/重启界面

在该界面可执行关机或重启操作。

在测序完成后，点击主界面 图标，选择【关闭】，再选择【关机】或【重启】。

4.4 ImageJ

4.4.1 简介

ImageJ 是基于 Java 的一个公共的图像处理软件，现其广泛应用于生物学研究领域。ImageJ 能够显示，编辑，分析，处理，保存，打印 8 位、16 位、32 位的图片，支持 TIFF、PNG、GIF、JPEG、BMP、DICOM、FITS 等多种格式。下文将介绍如何利用 ImageJ 软件查看 MGI 平台测序仪的原图，方便定位测序相关问题。

4.4.2 使用说明

一、查看原图

以 MGISEQ-200 系统为例，查看原图的方式描述如下：

双击图标 ，打开 ImageJ 软件，界面如图 4-7 所示。

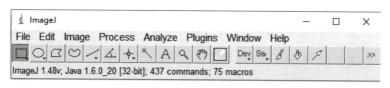

图 4-7 ImageJ 界面

选择一张或多张测序原图，将其拖入 ImageJ 窗口中，打开测序图片（图 4-8）。

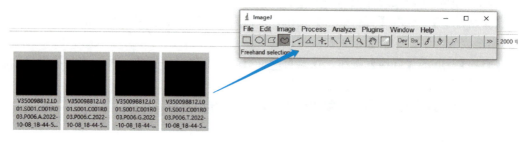

图 4-8 在 ImageJ 中打开测序图片

若选择了多张原图,可以按"F2"键(或"Fn"+"F2")将多张原图窗口合并成一个窗口(图4-9)。将鼠标移动到原图感兴趣的区域,按"↑"或"↓"可以放大或缩小鼠标所在区域,按"←"或者"→"可以切换不同图片,对比查看所选择的原图。

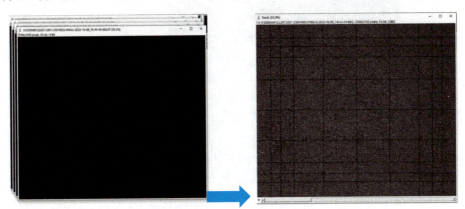

图4-9 多张图片合并

二、调节图片亮度/对比度

首先按"Shift"+"C"键,调出亮度/对比度窗口(图4-10)。

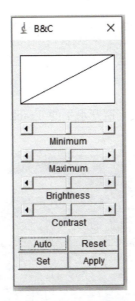

图4-10 亮度/对比度窗口

通过拖动窗口中4个滚动条,分别来调节亮度、对比度,从而使图片更加清晰,同时也可点击"Auto"键自动调节。

若要还原该图的设置,可点击"Reset"键重置亮度和对比度。

三、测量原图像素点亮度值

选择ImageJ工具栏中的矩形工具,点击鼠标左键拖动框选原图感兴趣的区域,按"M"键可测量原图像素点亮度值。

亮度值将以区域大小、亮度平均值、亮度最小值、亮度最大值展示(图4-11)。

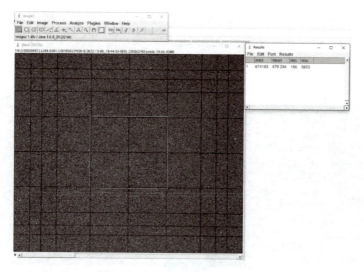

图 4-11　测量原图像素点亮度值

四、直线分析

选择直线工具，双击直线工具按钮，设置线宽度为 100（图 4-12）。

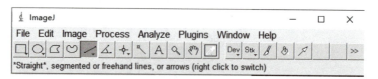

图 4-12　选择直线工具

在原图上从左至右画一条直线（避开水平的 Track 线和较差的区域）（图 4-13）。

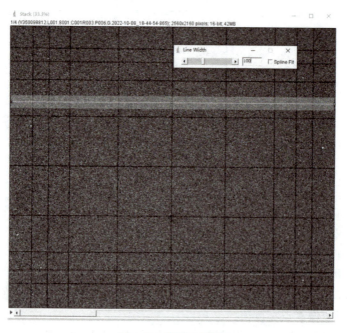

图 4-13　原图上画线

按"Ctrl"+"K"键（或在工具栏选择 Analyze→Plot Profile）可以计算在该区域中像素点的密度分布（图 4-14、图 4-15）。

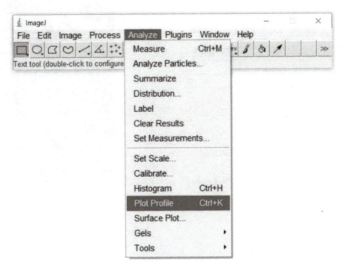

图 4-14　计算像素点密度分布

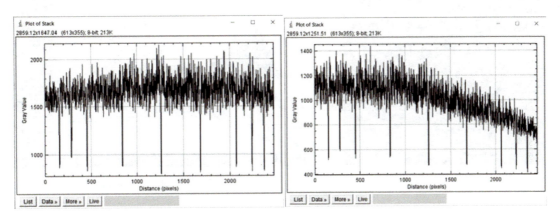

图 4-15　像素点分布图

五、判断载片是否过载

选择同一个 FOV 的 T 和 C 原图，将原图使用 ImageJ 打开，但不要合并。然后选择 Image—Color—Merge Channels。将 C1（red）选择 C Channel，将 C2（green）选择 T Channel（图 4-16）。

点击 OK，即可得到 TC 叠加图（图 4-17）。

放大后观察，绿色代表 T，红色代表 C，黄色则表示该位点同时发红绿光，即为过载（Overloading），黄色越多，过载越严重，从而导致 FIT 值偏低（图 4-18）。

六、判断原图是否过曝

用 ImageJ 打开单 FOV 图片，按"Ctrl"+"H"键，查看 Mode 值是否为最大值（图 4-19），若是最大值且数值大于 20 万，考虑此碱基过曝。

图 4-16 选择 C 图和 T 图

图 4-17 TC 叠加图

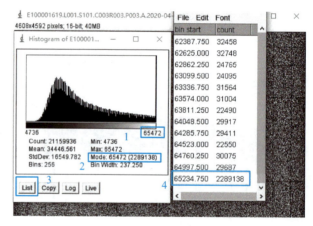

图 4-18 TC 叠加图 　　　　　　图 4-19 查看 Mode 值

习题与思考

一、填空题

1. 在 PUI 界面信息提示栏中，信息提示图标显示_____时，表示仪器工作正常；显示_____时，表示警告信息；显示_____时，表示报错信息。

2. 仪器自动清空所有管路中残留的液体，并将液体排出至废液桶中，通过点击_____按钮实现。

3. 图标表示试剂仓_____。

4. 图标表示废液桶_____。

5. 使用_____快捷键，可调出亮度/对比度窗口。

二、简答题

1. 简述系统维护界面的作用、主要控件及功能。
2. 简述信息提示栏的作用、主要控件及功能。

第 5 章
基因测序仪安装与调试

 **教学目标**

1. 了解基因测序仪安装实验室的布局及要求。
2. 了解基因测序仪安装的流程。
3. 了解基因测序仪温度、运动、光学等性能。

本章以 MGISEQ-200 为例,重点介绍基因测序仪的安装与调试。

5.1 实验室布局及要求

5.1.1 概述

进行高通量测序的实验室一般由样本室、文库构建室(建库室)、测序室、数据分析室(生信室)等构成,其中,测序室是放置基因测序仪的区域,是测序实验室的核心组成部分,主要负责进行基因测序。

5.1.2 实验室要求

5.1.2.1 空间要求

为保证基因测序仪的顺利安装和后续的正常使用,在安装前,需要对基因测序仪安装的实验室进行挑选,测序室的空间要求如下:

(1) 实验室地面需平整,倾斜度小于 1/200,并确保实验桌有足够强度,能承重 200kg,以保证光学和运动平台的正常运行。

(2) 实验室需无尘、无腐蚀和可燃性气体,无热源及风源。

(3) 实验室应避免阳光直射,须通风良好。建议参考二级生物实验室标准,本仪器需与超纯水机及冰箱等设备配套使用，也可与自动化样本制备系统配套使用。因此，准备实验室时，需考虑空间是否足以容纳以上设备。

（4）预留仪器四周的空间，以方便仪器散热、线缆连接以及维护维修。

以 MGISEQ-200 的安装为例，其空间要求如图 5-1 所示。

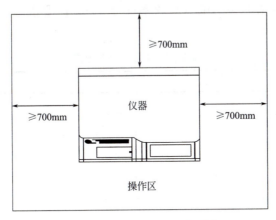

图 5-1　MGISEQ-200 空间要求

其他类型测序仪的空间要求应遵照生产厂家的具体说明执行。

5.1.2.2　洁净度要求

实验室要求：

（1）至少两间不超过《世界通用生物安全水平标准》的 2 级（BSL-2）实验室，其中一间独立的不超过 BSL-2 级实验室用于样本制备和 DNB 质控，另一间独立的不超过 BSL-2 级实验室用于测序。

（2）测序实验室的洁净度为 ISO 14644-1 Class 9 或更高。

（3）在进入以上两间实验室之前，应当有一间缓冲室。

5.1.2.3　温湿度、海拔和气压要求

测序实验室温湿度、海拔和气压须符合表 5-1 的要求。

测序实验室温湿度、海拔和气压要求　　表 5-1

项目	要求
温度	19~25℃
相对湿度	20%~80% RH（无冷凝）
海拔	<3000m
气压	70~106kPa

实验室温湿度条件会影响仪器的运行。当温湿度超标时，会影响仪器的拍照及数据分析，严重时会造成测序实验的终止。

5.1.3 电力要求

5.1.3.1 电压和频率要求

仪器安装前,确保实验室的电压和频率符合表 5-2 的要求,否则会降低电子元件的性能。

实验室的电压和频率要求　　　　　　　　表 5-2

项目	要求
电压	100～240V AC
频率	50/60Hz
功率	900VA
接地阻抗	<4Ω
瞬时过载类别	Ⅱ

5.1.3.2 电源接入要求

基因测序仪的电源插座必须稳固牢靠,并且与地面有良好的连接。插座应在易于接近的位置,以便紧急情况下可以随时切断电源。同时,基因测序仪的电源必须与其他仪器设备相互隔离,确保电源供应的可靠性和稳定性。

此外,基因测序仪使用的电源线应铺设整齐,避免交叉重叠,以免引发安全隐患。

5.1.3.3 不间断电源(UPS)

基因测序仪是对电源稳定性要求较高的设备,如遇到意外的断电情况,会使正在进行的测序实验终止,造成实验失败,同时也有可能对基因测序仪造成不可逆转的损害。为确保基因测序仪能够安全稳定地连续运行,建议为基因测序仪及其配套设备配备独立的不间断电源(UPS)(图 5-2)。

控制器正面

控制器背面

电池包

图 5-2　UPS 示意图

UPS 通常可以续航 0.5～1h(具体供电时间由电池容量大小决定,详情可咨询供应商),为切换到备用电源提供短时间的电力供应。为了保证测序仪和 UPS 顺利匹配,需要 UPS 支持 10A 插头。UPS 的规格要求如表 5-3 所示。

UPS 的规格要求　　　　　　　　　　　　　　　　　表 5-3

项目	要求
输出电压	100～240V AC
输出频率	50/60Hz
输出功率	≥3000VA
运行时间	≥60min

5.1.4　网络要求

目前，多种品牌的基因测序仪都支持实验数据的自动上传，如 MGISEQ-200。为了能把 MGISEQ-200 的测序数据快速上传到存储服务器，并将 MGISEQ-200 连接到实验室信息管理系统，推荐使用千兆网络，配备超五类或更高级的网线，以及千兆网络交换机，同时每台仪器需要一个网络端口，接口类型为 RJ45。

5.1.5　实验台要求

部分桌面型基因测序仪对实验台也有要求，实验台的要求应根据实际采购的设备型号进行准备，包括实验台的承重能力、稳定性等。MGISEQ-200 是一款桌面型基因测序仪，其实验台推荐尺寸和承重如表 5-4 所示。

MGISEQ-200 实验台推荐尺寸和承重　　　　　　　　　表 5-4

项目	参数
长度	1500mm
宽度	800mm
高度	800mm
承重	>200kg

5.2　仪器安装

5.2.1　装运标识与检查

设备在拆箱前，应检查防倾斜标签和防撞标签是否正常。
拆掉包装后，还需检查外观上有无磕碰、划伤痕迹和物理破损等。

> 精密仪器的包装箱上一般贴有防撞标签，贴上该标签后，当货物在装卸或运输过程中受到强烈的外力撞击，超过特定的重力加速度（g 值），防撞标签的监控窗口将由白色变为红色，且一旦发生变色皆无法复原，由此来检验该物品是否有发生冲击或高处掉落的事件。

> 防倾斜标签是用于包装货物的一种标签贴纸，若货物在运输过程中发生超过一定角度的倾斜，监控窗口会变色且无法复原，防倾斜标签则可提供货物倾倒的处理证据，也被称之为倾倒指示器、防倾斜贴纸。

注意：设备在开箱后，应根据随机的装箱清单确认部件是否齐全。

5.2.2 拆卸固定块

5.2.2.1 拆除光学固定块

拆下图 5-3 中所示螺栓，移除光学系统平台的三个光学固定块。拆下的螺栓及光学固定块需要保存。

图 5-3　光学固定块示意图

5.2.2.2 拆卸 XY 滑台锁定螺栓

拆下图 5-4 所示的 XY 滑台的锁定螺栓。

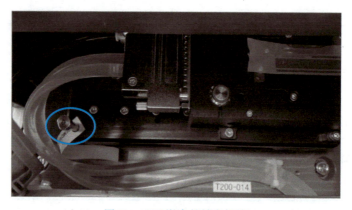

图 5-4　XY 滑台的锁定螺栓

5.2.2.3 拆卸 Z 轴锁定螺栓

拆卸 Z 轴锁定螺栓的步骤如下：

(1) 拆下 Z 轴的两个十字锁定螺栓。一旦 Z 轴释放，将锁定板旋转 90°，固定它们，然后将两个螺栓放回到前一个位置并将它们固定在轴上（图 5-5）。

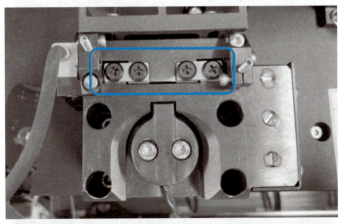

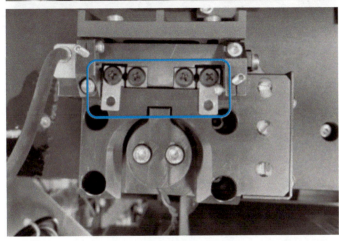

图 5-5　固定轴的螺栓及锁定板旋转示意图

(2) 调整限位螺钉。如果 Z 轴的限位螺钉是锁定到与 Z 轴接触的状态，则松开锁定螺钉，并使用六角螺丝刀将其拧起，直至其与支架底面平齐（图 5-6）。

图 5-6　调整限位螺钉（一）

图 5-6　调整限位螺钉（二）

5.2.2.4　去除芯片平台和镜头保护膜

如图 5-7 所示，取下载片平台的保护膜。

图 5-7　载片平台的保护膜

5.2.2.5　移除试剂针运输固定块

如图 5-8 所示，拆下试剂针的运输泡沫。

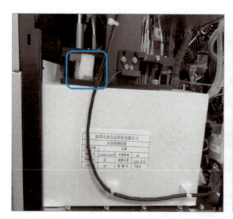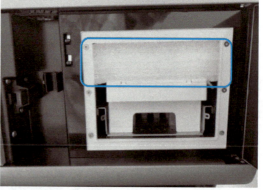

图 5-8　试剂针的运输泡沫

5.2.3 仪器调平

在实验台面放一个气泡水平仪。确认气泡位于中心位置（倾斜度≤1°）。如果气泡不在中心位置，调整实验台的支脚，使其与地面保持水平（图 5-9）。

图 5-9 仪器调平

5.2.4 线缆和管路连接

5.2.4.1 电源线连接

使用电源线将仪器的电源接口与电源插座连接。如配有 UPS 电源，将 UPS 电源线连接仪器的 UPS 接口，UPS 电源连接电。

5.2.4.2 网线、鼠标和键盘连接

如图 5-10 所示，连接网线、鼠标和键盘、扫描枪等。

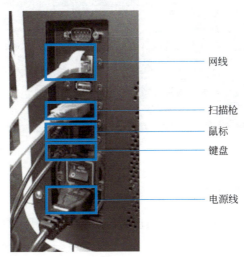

图 5-10 网线、扫描枪、鼠标、键盘和电源线连接接口

5.2.4.3 扫描枪

将扫描枪(图 5-11)放到支架上。

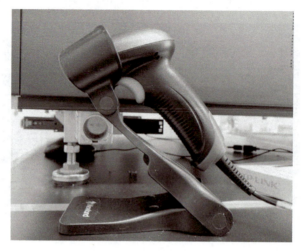

图 5-11　扫描枪

5.2.4.4 管路连接

如图 5-12 所示,连接冷凝水管 1、废液桶传感器 2 和废液管 3。

图 5-12　冷凝水管、废液桶传感器和废液管接口

5.2.5　注入冷却液(第一次)

在进行注入冷却液操作前,操作人员应戴上手套、防护服和口罩。冷却液注入的步骤如下:

(1)拆下冷却液箱盖。在填充冷却液之前,最好将一些纸巾放在冷却液箱下面,防止冷却液漏到仪器内部。

(2) 使用带橡胶管的注射器从冷却液瓶中吸出冷却液。

(3) 将冷却液注入冷却液箱。在启动测序仪之前，冷却液会暂存在冷却液箱中，加满冷却液至冷却液箱的红色线位置（图 5-13）。

(4) 将盖子盖回冷却液箱，准备启动测序仪。

5.2.6 上电

在进行仪器设备上电之前，请确认电源插座/UPS 输出电压和接地电阻符合仪器设备的要求。上电步骤如下：

图 5-13 冷却液注入位置

(1) 在测序仪和电源插座/UPS 之间连接电源线。

(2) 将电源线连接到电源插座或 UPS。将电源开关切换到"I"。

(3) 等待一段时间，检查注射泵和冷凝泵是否成功初始化，看到真空压力传感器的指示灯亮起，并且显示器显示系统启动信息。

5.2.7 注入冷却液（第二次）

测序仪通电后，冷却液泵将开始工作。打开冷却液箱盖，在箱中加入更多冷却液。确保冷却液液面达到冷却液箱的黑色线处。通常需要 600～700mL 冷却液来加满测序仪冷却液箱。

注意：在进行冷却液注入前，操作人员请戴上手套、防护服和口罩。

5.2.8 功能检查

5.2.8.1 真空泵功能

仪器开机后，打开和关闭真空按钮以控制真空泵的开关。按下按钮时，确保指示灯亮起（图 5-14）。

图 5-14 真空按钮

5.2.8.2 风扇功能

确认机器设备上的风扇均能正常工作，且转动时声音正常，无异响。

5.2.8.3 登录进入操作界面

登录进入 Windows 操作界面的步骤如下：
（1）输入 Windows 的登录默认密码：123。
（2）登录到 Windows 后，Product UI 将启动。进入 Windows 操作界面，按快捷键调出登录窗口，并使用管理员账户和密码登录，取消屏幕锁定功能，然后退出 PUI 到 Windows 操作界面。

5.2.8.4 时区设置（可选）

如需对设备的时区进行设置，可参照以下步骤进行：
（1）转到 Windows 控制面板＞时钟和区域＞更改时区。默认设置为 UTC＋08：00（北京时间）。
（2）单击"更改时区"，选择客户位置的时区。

5.2.8.5 软件版本记录

转到控制面板＞程序和功能，将控制软件（ZebraV02Seq）和 Basecall Lite 软件的软件版本记录。

5.2.8.6 启动 Engineer UI

（1）打开任务管理器，将服务里面的 BGI.ZebraV02Seq.Service 右键停止服务（图 5-15）。

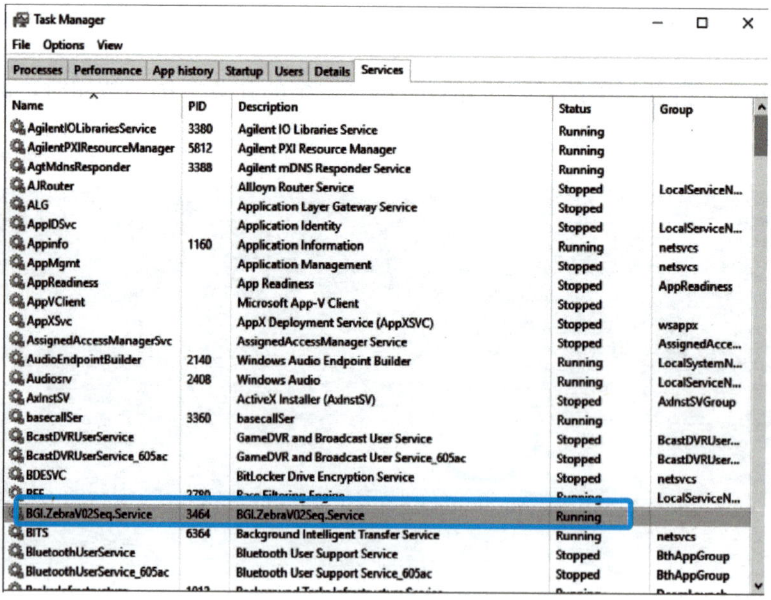

图 5-15 任务管理器界面

(2) 在路径 C:\BGI\Config 下搜索文件 BGI.ZebraV02Seq.Services.xml，备份保存。
(3) 双击桌面上的 Engineer UI 图标，将其打开。
(4) 等待几秒钟后软件打开。

5.2.8.7 各模块初始化

(1) 输入 EUI 账户密码。
(2) 点击 Confirm 整体初始化后，依次对 Stage、Reagent Needle、Temperature Board、Valve 和 Interface Board 分别进行初始化，检查各个功能模块是否能正常启用。在 Stage 初始化前，ChipType 应选择 715 Normal。

5.2.8.8 接口板功能

一、接口板初始化

(1) 转到 InterfaceBoard 页面，单击 Open 启动 IO 板控制。
(2) 等待几秒钟，传感器指示灯将亮起，按钮将变为活动状态。

二、传感器功能

(1) 打开/关闭载片舱门，确保载片舱门 Chip Door 指示灯变为红色/绿色。
(2) 打开/关闭冰箱门，确保冰箱门 Fridge Door 指示灯变为红色/绿色。
(3) 将载片放在载片平台上，按下真空按钮，确保真空按钮 Vacuo Button 指示灯和 Piple Status 指示灯变为绿色。松开真空按钮，确保它们变红。
(4) 手持液位传感器，使液位传感器与上限位分离，液位状态 Liquid Status 指示器颜色为绿色；手动将传感器浮子推到上限位，指示器变为红色（图 5-16）。

图 5-16 液位传感器

(5) 确认试剂针处于上限位，将试剂盒插入/取出冰箱，确保相应的试剂盒状态 Kit Status 指示灯变为绿色/红色。

三、蜂鸣器功能

点击 Power On PWM，打开蜂鸣器电源。如果蜂鸣器鸣响，则测试通过。

四、LED 灯带功能

点击 Power On/Off 对灯带进行测试。如果 LED 颜色都正确，则测试通过。

5.2.8.9 温控板功能

（1）转到 TemperatureBoard 选项卡，单击 Open（图 5-17）。

图 5-17　TemperatureBoard 界面

（2）确保所有通道处于活动状态并显示当前温度值。

5.2.8.10 安全锁功能

一、激光安全锁验证

（1）取下侧板。

（2）关闭载片门。首先确认激光器控制方式为模拟口控制，然后点击 Laser Enable，使能激光器。分别点击 Open Green Laser 和 Open Red Laser，则可打开绿激光和红激光。

（3）从侧面查看仪器内部，确认绿色/红色激光已打开（图 5-18）。观察时请戴上激光防护眼镜。

图 5-18　绿色（左）和红色激光（右）

（4）打开载片舱门。查看物镜的末端，确保绿色/红色激光关闭。

注意：激光打开时，请戴上护目镜，以免因激光辐射造成人身伤害。

二、试剂针安全锁验证

（1）在 EUI 中 ReagentNeedle 界面，点击 Init 初始化试剂针。试剂针将会复位到上限位（图 5-19）。

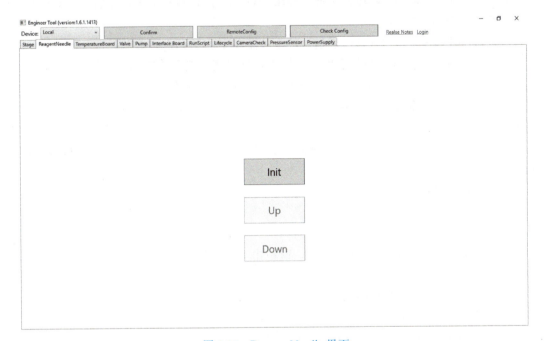

图 5-19　ReagentNeedle 界面

（2）关闭冰箱门并点击 Down 向下移动试剂针。

（3）在试剂针移动时，打开冰箱门以验证其互锁功能。开门时试剂针会立即停止移动。合上门后，试剂针会继续运动到位。请勿在试剂针移动时将手伸入冰箱。

5.2.8.11　网络连接（可选）

（1）在插入 RJ45 电缆之前，将当前活动的网络适配器重命名为"XY Stage"。

（2）然后将 RJ45 网线插入顶部端口（要求网线等级等于或高于 Cat5e）。

（3）稍等片刻，一个无法识别的网络将出现。

（4）右键单击"无法识别的网络"，打开以太网属性＞TCP/IPv4 属性，将 IP 地址和子网掩码更改为客户提供的固定网络。

5.2.9　SBC 性能

SBC 性能验证流程如下：

（1）在 SBC 内安装一个磁盘读写速度测试软件，对 D 盘进行读写速度测试。

（2）等待几分钟完成测试。记录软件所显示的读写速度值。

5.2.10 温度性能

5.2.10.1 卡盘温度验证

（1）将连接到数字温度计的温控工装安装在目标载片平台上。

（2）打开 Engineer UI，转到 TemperatureBoard（温控板）页面，然后单击 Open（打开），打开温控板控制功能。

（3）在 Select Channel（选择通道）的下拉菜单中选择 Chip（载片）。

（4）在 Target Temp（目标温度）中输入目标温度，然后单击 Set（设置）。

（5）在温度稳定的情况下（大约 3min）读取温度计的数值。

（6）测试所有特征温度点的温度值：20℃、25℃、35℃、55℃、65℃、70℃，并读取温度计的数值。

（7）如果读数温度高于或低于目标温度超过 0.5℃，请转到载片平台温度校准，校准载片平台温度。

（8）将温度值记录。

5.2.10.2 卡盘温度校准（可选）

（1）如果载片平台温度不符合要求，请单击 Reset Parameter 以清除载片平台温度系数的设置。

（2）单击 Yes 以重置温度系数。

（3）重新打开 Engineer UI 并打开 RemoteConfig 文件。

（4）转到 TemperatureBoard 页面，确认 PT100 To Slide 和 Slide To PT100 这两项参数都是"0，1"。这意味着载片平台温度现在处于默认设置。

（5）确认"PT100"的文本框数值分别是 20℃、25℃、35℃、55℃、65℃、70℃，若不是，请修改。点击 Start Collect 开始温度检测，分别在 TargetTemp 处输入 20℃、25℃、35℃、55℃、65℃、70℃，并读取温度计的数值，并将读数值输入"Slide"的文本框中。

（6）将目标温度设置回 20℃。单击 Stop 以停止绘图录制。在 Select Degree 下拉菜单中选择校准曲线。黄线必须是直线，蓝色应满足穿过所有红点。同时，观察 Diff 值越小越好。

（7）单击 SetParaToConfig（保存参数到配置文件）以保存设置，在弹出窗口中单击 OK。

（8）保存设置后，重新启动 Engineer UI，重复以下步骤对载片平台温度进行验证，比较温度计读取的温度和 Engineer UI 上显示的温度差异。它们的差异必须小于 0.5℃。如果没有，应执行载片平台温度校准，重新校准载片平台温度。

5.2.10.3 卡盘升降温速率验证

（1）校准载片平台温度后，将目标温度设置为 20℃。

（2）将目标温度设置为 70℃，并启动计时器。

（3）一旦 Engineer UI 中的 Chip Temp（载片温度）值达到 69.5℃，停止计时器，并读出升温时间。升温时间必须小于 30s。

（4）先将目标温度设置为 65℃，待温度稳定一段时间后，重置计时器。然后将目标温度设置为 20℃，并再次启动计时器。

（5）一旦 Engineer UI 中的 Chip Temp（载片温度）值达到 20.5℃，停止计时器，并读出降温时间，降温时间必须小于 40s。

（6）如果升降温速率与要求不匹配，应检查冷却液箱中冷却液的液面位置。

5.2.10.4　冰箱温度验证

开机 40min 后，记录冰箱温度值，确保在 2~8℃ 内。

> 思考：为什么要开机一定时间后再记录冰箱温度值？

5.2.11　真空和流体性能

5.2.11.1　真空性能

一、在 20℃ 时的性能

（1）将载片放在载片平台上并吸附。
（2）将传感器示值记录。

二、在 70℃ 时的性能

（1）将测试载片放在载片平台上。
（2）将载片平台温度更改为 70℃，并确保真空压力仍在范围内。
（3）将传感器显示值记录。
（4）将载片平台温度更改回 20℃。

5.2.11.2　流体测试

一、气密性测试

（1）将水洗芯片吸附在载片平台上，确保负压显示小于 −85kPa。

（2）打开 Engineer UI 软件，点击 Confirm（确认），再点击 Pump（泵），依次对旋转阀和注射泵进行初始化（图 5-20）。

（3）设置 Cycle=2，Aspirate（抽液）中分别设置 22、1000、250、B，Dispense（排液）中分别设置 0、5000、250、O，点击 Start（开始），此时注射泵将抽吸 22 号孔 2 次，排空旋转阀 22 号孔位至注射泵之间的 bypass（旁路）管路。

（4）设置 Cycle=2，Aspirate（抽液）中分别设置 22、1000、250、I，Dispense（排液）中分别设置 0、5000、250、O，点击 Start（开始），此时注射泵将抽吸 22 号孔 2 次，排空旋转阀 22 号孔位至注射泵之间的 Bychip（载片）管路。

（5）点击 PressureSensor（压力传感器）进入压力传感器采集界面，点击 Init（初始化）完成设备初始化，选择 Interval=0.1s，点击 Start Capture，等待 30s 完成压力传感器归零，同时调节滑块使 Min（kPa）=−30，Max（kPa）=5（图 5-21）。

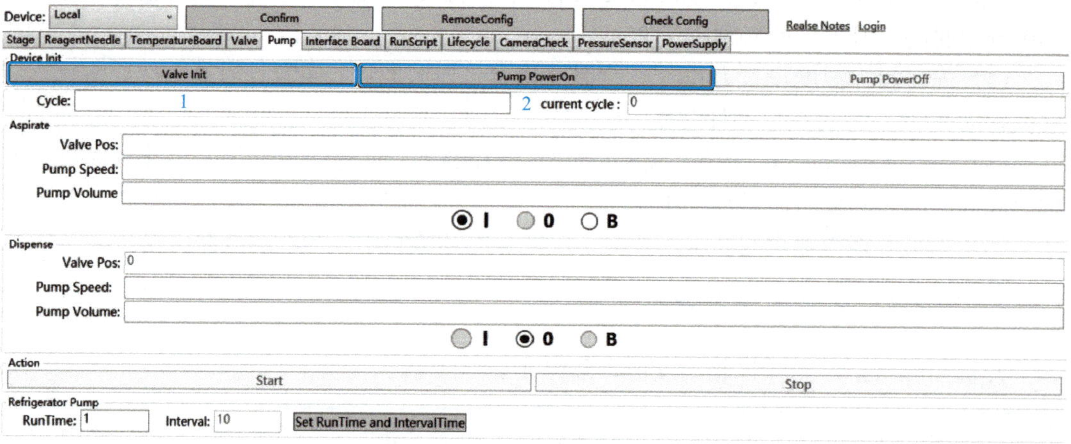

图 5-20　旋转阀和注射泵初始化界面

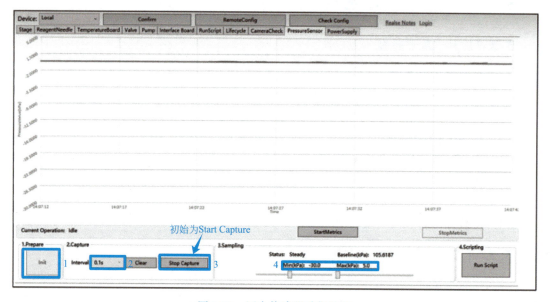

图 5-21　压力传感器采集界面

（6）切换到 Pump 界面，在 Pump 中设置 Cycle=1，Aspirate 中分别设置 24、1000、250、B，Dispense 中分别设置 0、5000、250、O，点击 Start，此时注射泵将抽排 1 次；再次切换到 PressureSensor 界面，观察压力曲线波动（参考压力值为－25kPa），如压力曲线维持水平位置上下波动，且在 15s 内波动范围小于 0.5kPa，则旋转阀至注射泵段气密性良好。

二、水洗体积测量

（1）在使用新的清洗试剂盒之前，用超纯水冲洗 3 次。并擦干试剂盒外表面水迹。

（2）再用超纯水填充清洗试剂盒。

（3）将试剂盒插入冰箱。

（4）将一个 DNB 管或 1.5/2.0mL 离心管放入 DNB 加载处，并用 Milli-Q 水填充。

(5) 将清洗载片吸附到载片平台上。确保真空传感器值在范围内。

(6) 在 EUI 中，选择 RunScript，点击 InitRunScript 初始化装置，点击 START SETTING UP SCRIPT 进入设置界面。

(7) 依次输入 FlowCell Barcode 和 Reagent Barcode 后，选择 V02Water_Filling（config2）.py 脚本。依次点击 SCAN FLOWCELL BARCODE、SCAN REAGENT BARCODE 和 SAVE SELECTED FILE，等待界面变化。

(8) 点击 START SCRIPT（开始运行脚本），脚本开始运行；此脚本运行结束后，所有管路均充满超纯水。

(9) 用超纯水补充水洗试剂盒和 DNB 管。

(10) 将注射泵的出口管道放入空的 15mL 离心管中。

(11) 同样方法在 RunScript 界面下，选择 V02Wash_Weighing（config2）.py 脚本运行。

(12) 脚本运行完后测量离心管中的液体体积。液体体积应大于 11mL。记录体积值。

5.2.12 运动性能

5.2.12.1 XY 轴的 MST 测量

(1) 打开 ACS 软件，按如下界面打开 Motion Manager（运动管理）（图 5-22）。

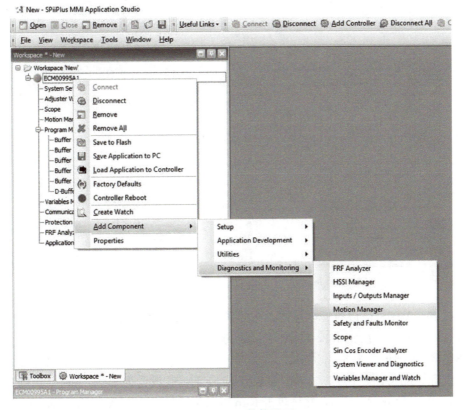

图 5-22 ACS 软件界面

（2）选择 Back and Forth Move（前后反复运动）。

（3）要测试 X 轴，仅选择 Axis 0。

（4）如图 5-23 所示，打开 Scope（示波器）。

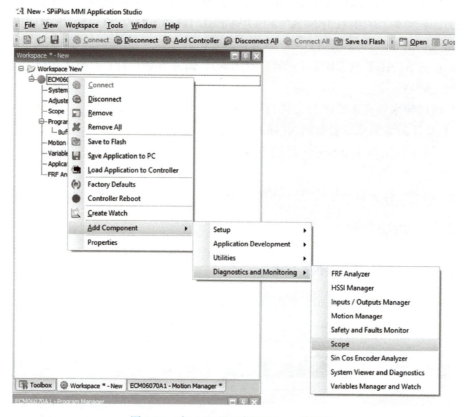

图 5-23　在 ACS 界面打开 Scope 的流程

（5）设置 Signals、Variable 和 Axis 参数，如图 5-24 所示。

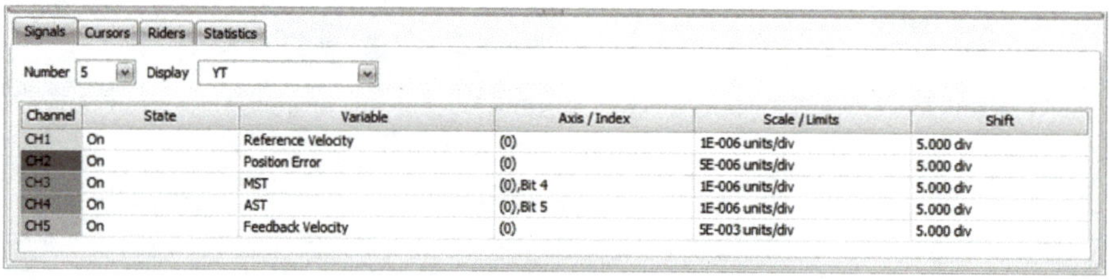

图 5-24　设置 Signals、Variable 和 Axis 参数

（6）单击 Variable 以打开变量树，在搜索框中选择或搜索相应参数（图 5-25）。

（7）将 MST 设置为 Bit4，将 AST 设置为 Bit5。

（8）将 Scale 设置为 50ms/div。

（9）将 Point A 设置为 0，Point B 设置为 1，Dwell 设置为 200，并确认运动参数。

（10）单击 Start Motion，然后单击 Run 以采集信号。单击 Autofit 以居中并缩放范围中的形状。

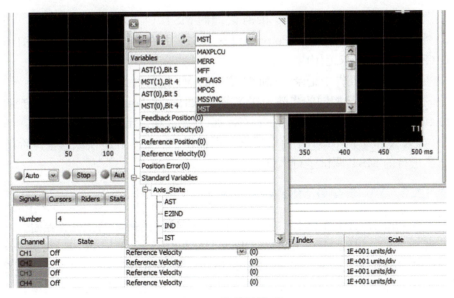

图 5-25 变量树界面

(11) 使用光标测量 MST (X2-X1)。确保 X 轴的偏差在要求范围内 (图 5-26)。

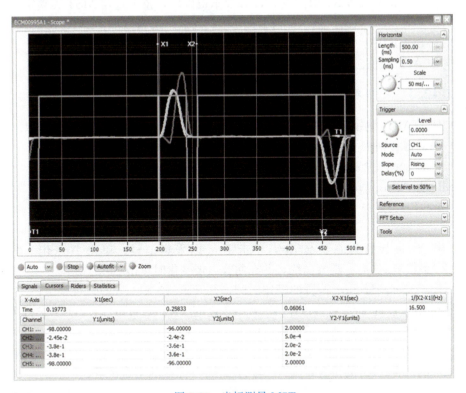

图 5-26 光标测量 MST

(12) 在安装调试报告中记录 0 和 1 之间的 MST (X2-X1) 时间。

(13) 将 Point A 设置为 30，Point B 设置为 31，并在这两点之间进行 MST 测试。确保 MST (X2-X1) 在要求范围内。

（14）在安装调试报告中记录 30 和 31 之间的 MST（X2-X1）时间。

（15）将 Point A 设置为 60，Point B 设置为 61，并在这两点之间进行 MST 测试。确保 MST（X2-X1）在要求范围内。

（16）在安装调试报告中记录 60 和 61 之间的 MST（X2-X1）时间。

（17）在 Y 轴上执行相同的步骤。在 Y 轴调试时，将 Point A 和 Point B 分别设置成 0 和 1、40 和 41、60 和 61，Y 轴的 MST（X2-X1）要求在范围内。

（18）如果 X 和 Y 的 MST 不符合要求，或者 MST/AST 在空闲或者整定阶段时振荡，应参阅 XY 滑台的 MST 调试进行调试。

5.2.12.2 XY 滑台的 MST 调试（可选）

（1）打开 One Direction Incremental Repeated Move 的运动参数设置界面。

（2）选择 X 轴，设置 Move by 为 1，Dwell 为 200，然后在 Motor State 为 Disabled 的状态下，将滑台移至最左位置，同时 Enable 电机，Start Motion，打开 Scope 示波器观测波形，要求 X 轴 MST 时间 X2-X1 在要求范围内，整个过程 MST 无整定振荡。

（3）选择 Y 轴，设置 Move by 为 1，Dwell 为 200，然后在 Motor State 为 Disabled 的状态下，将滑台移至最前方位置，同时 Enable 电机，Start Motion，打开 Scope 示波器观测参数波形，要求 Y 轴 MST 时间 X2-X1 在要求范围内，整个过程 MST 无整定振荡。

（4）如出现 MST 振荡，按 XY 滑台的 MST 调试，适当增加 SLVKPSF、SLVKISF、SLVKPIF、SLVKIIF、SLPLPSF、SLPKPIF 的数值，直到系统性能满足要求，此步骤不需要调整 SLAFF 数值。

5.2.12.3 Z 轴对焦速度测试

（1）使用 AF 将物镜锁定在生物载片的焦面上。
（2）手动将 Z 轴上下移动 $2\mu m$。将 Z 的速度设置为 8mm/s。
（3）在 Scope 内设置以下采集信号：
Feedback Position（2）
Position Error（2）
AIN（2）

（4）将 Scale 设置为 0.5sec/div，单击 Run 以采集信号。单击 Autofit。然后单击 Lock 将 Z 轴移动回焦面。观察曲线，并在曲线出现变化时单击 Stop。

（5）使用光标测量 $2\mu m$ 范围的锁定时间，并读出 X2-X1（ms），观察 AIN（2）曲线在快速下降结束后的曲线是否位于 Y1 和 Y2 之间。X2-X1 的时间应在要求范围内，且 AIN（2）曲线在快速下降结束后的曲线位于 Y1 和 Y2 之间。

（6）Y1＝Target－Deadband，Y2＝Target＋Deadband，X1 的位置定在 AIN（2）曲线快速下降的位置，X2 的位置定在 Y2 与 AIN（2）曲线的交点位置。

（7）如果 $2\mu m$ 锁定时间不符合要求，则需要调整 Z 轴对焦速度，具体应参阅 Z 轴对焦速度调试更改 Gain 值。

5.2.12.4 Z 轴对焦速度调试（可选）

（1）通常，可以通过增加 Gain 值以加速 Z 轴对焦速度（默认 Gain＝0.01，每次增加不宜超过 15%)。

(2) 再次执行对焦速度测试,观察信号曲线形状并测对焦时间。如果 Gain 值太高,信号曲线上会出现振荡,此时需要降低 Gain 值直到稳定(图 5-27)。

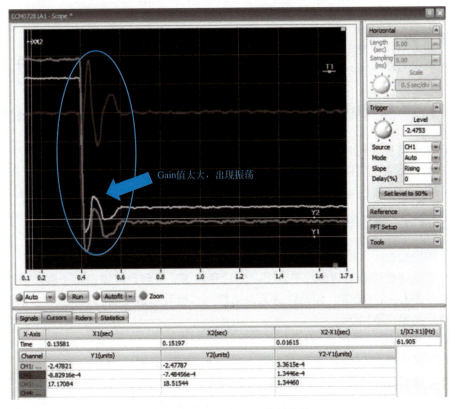

图 5-27 对焦速度测试信号曲线

(3) 再次执行对焦速度测试,确保信号曲线没有振荡,对焦时间符合要求且曲线在范围内。将 Gain 值微调 5% 直至最优。

5.2.13　光学性能

5.2.13.1　激光功率验证

设定激光功率计波长,红绿激光分别设置相应波长。
(1) 使用手持式功率计测量物镜末端的激光功率。
(2) 传感器和物镜之间的距离应控制在 0.5cm 左右。
(3) 将激光功率计的探头切换到 500mW 挡位。把它放在物镜末端约 0.5cm 处。
(4) 点击 LaserEnable(激光使能)。
(5) 将激光功率计的检测波长设置为绿光波长。然后单击 Open Green Laser(打开绿激光)以启用绿色激光。确保探头位于物镜末端约 0.5cm,激光点位于传感器的中心位置。读出激光功率计的数值,确保其在要求范围内。
(6) 将激光功率计的检测波长设置为红光波长。然后单击 Open Red Laser(打开红激光）以启用红色激光。确保探头位于物镜末端约 0.5cm，激光点位于传感器的中心位置。读出激光功率计的数值，确保其在要求范围内。

（7）如果激光功率与要求不符，则需进行激光功率校准。

5.2.13.2 激光功率校准（可选）

（1）如果激光功率不符合要求，应通过改变设定电压来校准功率。

（2）单击 Get Green/Red Laser Power（获取绿/红激光电压值）以读取当前设置电压值。

（3）更改激光器的设定电压（0 到 5 之间）。设定电压越高，激光功率越高。然后单击 Set Green/Red Laser Power（设置绿/红激光电压值）进行更改。

（4）再次测量激光功率。确保激光器的功率在要求范围内。

（5）先勾选 Save To Config When Set Power（设置电压值时保存到配置文件），再次点击 Set Green/Red Laser Power（设置绿/红激光电压值）保存。

5.2.13.3 自动对焦性能

一、图像检查

（1）将生物载片吸附到载片平台上，然后移动 XY 平台，使物镜位于载片中心上方。

（2）单击 Lock（锁定）使系统进入对焦状态。然后单击 Take Picture（获取图像）以对生物载片拍照获取图像。

（3）打开 ImageJ 图像处理软件。

（4）图像保存在 D 盘下的 Data＞S2_XXXX＞Diagnostics＞Engineer 文件夹。全部选中它们并拖放到 ImageJ 上以打开图像。

（5）按键盘上的 F2 键以堆叠图像，滚动鼠标滚轮浏览检查图像，以确保此 FOV 中没有胶边或灰尘。如果有，请转到另一个 FOV 并拍照再次检查。

（6）一旦找到理想的 FOV（图像清晰、无胶边灰尘等杂物），保持该位置并转到下一步。

二、AF Target（对焦目标值）验证

（1）单击 Lock（锁定），使得 Z 轴运动到焦面位置。然后单击 Unlock（解锁），激活 Adjust（调节）功能。最后单击 Adjust 按键，系统会拍一些照片并进行分析。

（2）Adjust（调节）完成后，将弹出 1 个窗口以显示 Adjust（调节）曲线。确保 Adjust Focus（焦点调节）曲线中的所有曲线峰值都位于中心，此时自动对焦的目标值与实际值是匹配的。

三、AF target 校准（可选）

（1）如果自动对焦 Target（目标值）与实际对焦点不匹配，则图像将会是模糊的。

（2）计算当前焦点离最佳焦点的距离。绿线表示当前的焦点目标（绿线位于 X 轴的中间），红线表示最佳焦点（在两种颜色曲线的中间）。X 轴上的每个小刻度表示 Z 高度的 $0.1\mu m$ 变化（图 5-28）。

（3）将 Z 高度设置为图 5-28 中所示的 Middle Value（中间值）。读出当前 Z 轴高度时的 SNR（信噪比）值并复制到 Target（目标值），再点击 Set（设置）。

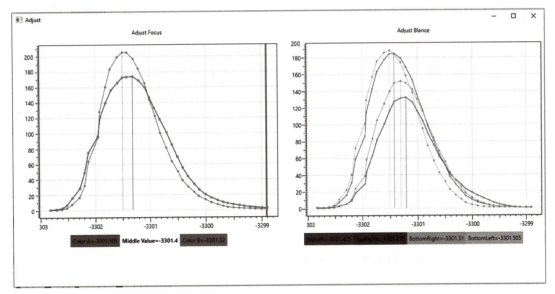

图 5-28　AF target 校准曲线

（4）移动平台到另一个 FOV（不要在同一个 FOV 上执行 Adjust 超过 2 次，因为多次成像后荧光信号会减弱），并执行 Adjust，根据新 Target 值绘制新曲线。

（5）如果新曲线是理想的（最佳焦点位于 X 轴的中间），应单击 Set 以保存新 target，并在安装调试报告中记录新的 AF 参数。如果曲线不在中间（但非常接近），应重复步骤 2 和 3 次，直至满足要求。

四、AF 工作范围验证

（1）首先 Lock 物镜在生物载片的焦面上，然后将 Z 轴向上移动 $40\mu m$。单击"Lock"并确保实时 Z 轴高度返回到焦面时的值。

（2）然后将 Z 轴向下移动 $40\mu m$，并再次测试确保实时 Z 轴高度返回到焦面时的值。

五、获取 AF 参数

（1）Lock 生物载片以获得焦点处的 SUM 值，并记录。

（2）单击 Get 以读取所有 AF 参数，并记录。

六、AF 斜率

（1）首先 Lock 物镜在生物载片的焦面上，然后将 Z 轴向上移动 $3\mu m$。将当前 SNR 值记录为 SNR1（图 5-29）。

（2）记录 SNR1 后，将 Z 阶段向下移动 $6\mu m$，并将当前 SNR 值记录为 SNR2。

（3）计算｜SNR1－SNR2｜/6。

5.2.13.4　平台平行度验证

（1）将生物载片吸附在载片平台上，移动平台使物镜位于图 5-30 这些点上方。

（2）每移动一个点，单击 Lock（锁定）以使系统在此点对焦。记录 Z 轴高度。

（3）记录每个点焦面处的 Z 轴高度。计算 X 方向和 Y 方向的最大 Z 轴高度差。确保 X 方向的最大 Z 轴高度差≤$10\mu m$，Y 方向≤$10\mu m$。记录高度差值。

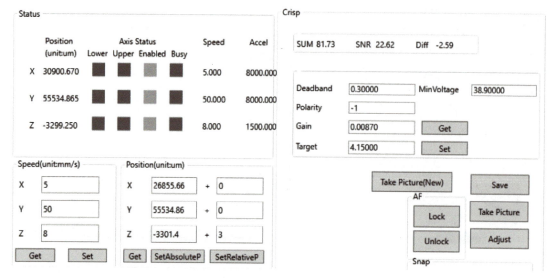

图 5-29　获取 SNR 值的界面

图 5-30　物镜所处位置示意图

（4）如果 Z 轴高度差值不在范围内，执行下述部分中的色差和平台平整度验证。参考平台平整度校准，调整载片平台平整度，并再次绘制 Adjust Balance（平整度调节）曲线，直到 X 和 Y 方向的平台平行度和平台平整度均满足要求。

5.2.13.5　色差和平台平整度验证

（1）移动 XY 平台，使物镜位于生物载片的中间区域上方（图 5-31）。

图 5-31　物镜和生物载片的相对位置示意图

(2) 首先单击 Lock，使得 Z 轴高度停留在焦面位置，然后单击 Unlock，最后单击 Adjust，系统将以 0.1μm 的步幅拍摄当前焦点上方和下方 40 个 Z 轴高度的图像。

(3) Adjust 操作完成后，将弹出 1 个窗口以显示调整曲线。确保两条色差曲线的峰值所在 X 位置的差异≤0.5μm，并且两条平整度曲线的峰值所在 X 位置的差异≤0.4μm。至少测量 5 个不同位置，1 次通过则认为其满足要求。

(4) 如果平台平整度与要求不符，应参阅平台平整度校准。

5.2.13.6 平台平整度校准（可选）

(1) 使用 0.035 英寸六角螺丝刀松开调节螺栓（左右两侧）的锁定螺栓。

(2) 将平台平整度调整内六角插入孔中。

(3) 逆时针旋转将使相应侧平台下沉（相应的 Adjust Balance 曲线向左移动）。顺时针旋转将使相应的 Adjust Balance 曲线向右移动。确保 Adjust Balance 曲线符合要求。

5.2.13.7 相机旋转度验证

(1) 在生物载片上拍照，并在 ImageJ 中打开图像，调整对比度至 Auto。选取 ImageJ 软件上方框选项，在图像上选取一条 Track 线从左拉到右（图 5-32）。

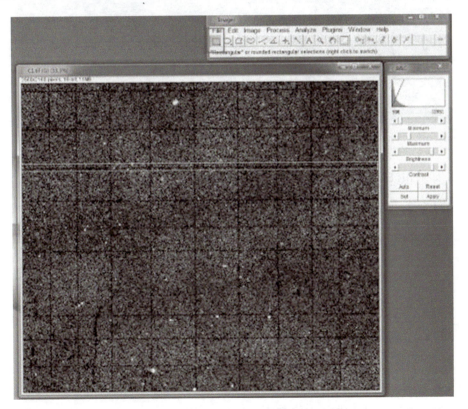

图 5-32　ImageJ 界面

(2) 使用小键盘对所标记的 Track 线最左端进行放大，找到 Track 线中心的点，记录下 Y1 坐标值。

(3) 再对此 Track 线最右端进行放大，找到 Track 线中心的点，记录下 Y2 坐标值。
(4) 计算左右两端 Y 值差值即为 Track 线两端的像素点差，要求≤8 个像素点（图 5-33）。

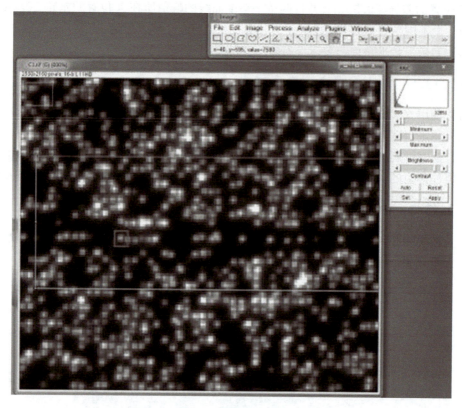

图 5-33　Y 值记录界面

(5) 如果相机旋转度与要求不符，应参阅相机旋转度调节。

5.2.13.8　相机旋转度调节（可选）

(1) 松掉相机筒镜固定顶丝，稍微旋转相机筒镜方向。
(2) 按照相同方法计算此时的相机旋转度，若仍不满足要求，则继续微调，直至满足要求。
(3) 固定相机筒镜固定顶丝后，须重新拍照确认，确保仍满足要求。

5.2.14　扫描测试

单 Cycle 扫描测试流程如下：
(1) 准备 1 张良好的生物芯片。
(2) 在 Engineer UI 中分别模拟 Incubator、TemperatureBoard、SyringePump、SelectionValve、ReagentNeedle，保存设置。模拟是指让这些部件不要工作。
(3) 将拍照试剂注入到载片里，然后开启负压泵，并把载片放到平台上，关上载片舱门，确保载片里没有气泡，玻璃面上没有附着物。

(4) 将水洗试剂盒放入冰箱，关闭舱门。

(5) 在任务管理器里开启服务程序，使用账号和密码登录到 PUI。

(6) 点击开始测序。

(7) 设置测序参数，选择自定义模式，将一链测序长度设置为 100，barcode 设置为 0，后续补充输入测序信息（试剂盒 ID、载片 ID）（图 5-34）。

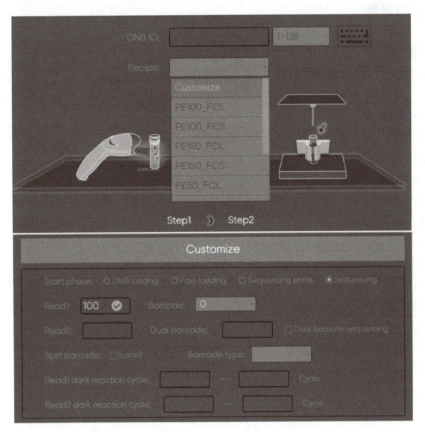

图 5-34　测序参数设置

(8) 开始测序。若能顺利跑完 SE100 且无报错，可认为光学与滑台状态正常，后续可准备进行 QC 验证。

5.2.15　废弃物处理

5.2.15.1　液体化学废弃物

液体化学废弃物必须存放在有标签的废液桶中，并依照当地法律法规及安装现场所规定的安全标准妥善处理。

5.2.15.2　生物危险废弃物

生物危险废弃物必须存放在有标签的生物危险废物容器中，并依照当地法律法规及安装现场所规定的安全标准妥善处理。

5.2.15.3 固体化学废弃物

固体化学废弃物必须存放在有标签的固体废物容器中，并依照当地法律法规及安装现场所规定的安全标准妥善处理。

 **习题与思考**

一、填空题

MGISEQ-200 的运输和储存地点环境须符合要求：温度_____，相对湿度_____。

二、单选题

1. MGISEQ-200 测序仪正常运行要求的环境温度要求为（　　）。
A. 19～20℃　　　B. 19～22℃　　　C. 19～25℃　　　D. 15～25℃

2. MGISEQ-200 做 Adjust 时，色差要求为（　　）。
A. ≤30μm　　　B. ≤0.3μm　　　C. ≤10μm　　　D. ≤0.5μm

3. 为 MGISEQ-200 选择 UPS 时，你会推荐（　　）。
A. 900VA　　　B. 3000VA　　　C. 600VA　　　D. 1000VA

4. MGISEQ-200 芯片平台靠（　　）器件去实现升降温。
A. PT100　　　B. TEC　　　C. 温度保护开关　　　D. 冷却液

三、简答题

1. 简述卡盘温度验证流程及步骤。
2. 简述 RAID 速度验证步骤。

第 6 章
基因测序仪性能验证测试

 教学目标

1. 熟悉各类试剂耗材的使用方法。
2. 熟悉各项性能验证流程。

6.1 性能验证测试所需材料

6.1.1 测序试剂

MGISEQ-200 测序试剂盒、MGISEQ-200 测序载片、标准文库。

6.1.2 Qubit ® ssDNA 定量试剂套装

Qubit ssDNA buffer、Qubit ssDNA Reagent (Dye)、Qubit ssDNA Standard ♯1、Qubit ssDNA Standard ♯2。

6.1.3 设备

Qubit 荧光定量仪、掌上离心机（用 0.2mL PCR 管架）、涡旋振荡器、PCR 仪、移液器（P2.5/P20/P100/P200/P1000）。

6.1.4 耗材

普通枪头（10μL/200μL/1000μL）、阔口枪头（200μL）、离心管（0.2mL PCR 管、0.5mL Qubit 定量管、1.5mL/2mL 离心管）、冻存管（0.5mL）。

6.1.5 其他

PCR 板、冰盒。

6.2 解冻测序试剂盒

有三种方法解冻 MGISEQ-200 测序试剂盒：
（1）在 4℃冰箱中解冻一天（推荐）。
（2）在室温下解冻至少 5h，然后在使用前放入 4℃冰箱 1h（图 6-1）。

图 6-1　室温下解冻

（3）在水槽中解冻 3h，然后放入 4℃冰箱 1h 后备用（图 6-2）。

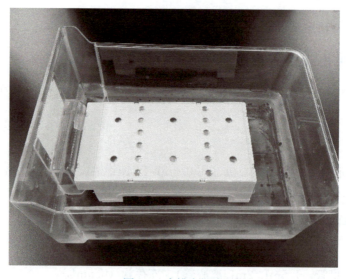

图 6-2　水槽中解冻

6.3 测序仪准备

6.3.1 清洗液制备

对测序仪进行清洗前,需要准备以下四种清洗液:

一、0.05% Tween 20

0.05% Tween 20 需要至少配置 200mL,用于上机前后清洗。200mL 0.05% Tween 20 配置方法是将 0.1mL 100% Tween 20 加入到 199.9mL 的超纯水中,充分混匀后使用。

二、0.05% Tween 20+1M NaCl

0.05% Tween 20+1M NaCl 溶液至少配制 10mL,用于上机前后清洗。配制方法是将 5μL 100% Tween 20 和 2mL 5M NaCl 加入到超纯水中,充分混匀后使用。

三、0.1M NaOH

0.1M NaOH 至少准备 300mL,用于上机前后清洗。配制方法是将 30mL 1M NaOH 加入到 270mL 超纯水中,充分混匀后使用。

注意:氢氧化钠对玻璃制品有轻微的腐蚀性,两者会生成硅酸钠,使得玻璃仪器中的活塞黏着于仪器上。因此,盛放氢氧化钠溶液时不可以用玻璃瓶或瓶塞,否则可能会导致瓶盖无法打开。

稀释氢氧化钠时,要做好充分的个人防护,包括但不限于戴橡胶手套、口罩、防护眼罩等。氢氧化钠有强烈刺激和腐蚀性。粉尘或烟雾会刺激眼睛和呼吸道,腐蚀鼻中隔,皮肤和眼睛直接接触氢氧化钠可引起灼伤;误服可造成消化道灼伤、黏膜糜烂、出血和休克。

处理方法:

(1) 患者清醒时立即漱口,口服稀释的醋或柠檬汁,就医。

(2) 如吸入刺激呼吸道,腐蚀鼻中隔。处理方法:远离现场到空气新鲜处。必要时进行人工呼吸,就医。如果呼吸困难,给予吸氧。如果患者吸入或食入该物质,不要用口对口呼吸进行人工呼吸,可用单向阀呼吸器或其他适当的医疗呼吸器。

(3) 直接接触皮肤严重的,可引起灼伤直至严重溃疡的症状。处理方法:立即用水冲洗至少 15min,若有灼伤,就医治疗。脱去并隔离被污染的衣服和鞋。若接触少量皮肤,避免将播散面积扩大。患者注意保暖并保持安静。吸入、食入或皮肤接触该物质可引起迟发反应。同时,确保医务人员了解该物质相关的个体防护知识,注意自身防护。

(4) 直接接触眼睛严重的,可引起烧伤甚至损害角膜或结膜。处理方法:立即提起眼睛,用流动清水或生理盐水清洗至少 15min,或用 3% 的硼酸溶液冲洗、就医。

四、超纯水

一般来说,检测比阻抗值达到 18.2MΩ·cm(在 25℃时)的水即俗称的超纯水,依照不同标准其又有不同的详细定义。

完全干净的超纯水中只有 H_2O 解离成的 H^+ 与 OH^- 离子,不含任何其他杂质,在此情况下,由理论值计算出来的比阻抗值为 18.18MΩ·cm(在 25℃时),一般的导电度计只准确到小数点后第一位,即 18.2MΩ·cm(在 25℃时)。

超纯水中因为几乎不含任何杂质,摆放在任何容器中都会被容器释放的物质所污染,因此超纯水必须要现取现用(超纯水机马上制造,马上使用)。

注意:以上四种清洗液建议储存在洗瓶中,并在瓶身用记号笔标记不同清洗液名称和启用日期、过期日期。

6.3.2 清洗槽准备

(1)给新的干净清洗试剂槽贴上标签,分别是 Tween 20、NaOH 和超纯水。

(2)如表 6-1 所示,将清洗液加入不同的清洗试剂槽以及不同的孔位中。

不同孔所用的清洗液　　　　　　　　　　　　　　表 6-1

清洗材料名称	孔编号	洗涤剂	体积
Tween 20	所有孔(15 号孔除外)	0.05% Tween 20	孔位体积的 90%
	15 号孔	0.05% Tween 20+1M NaCl	孔位体积的 90%
NaOH	所有孔	0.1M NaOH	孔位体积的 90%
超纯水	所有孔	超纯水	孔位体积的 100%

6.3.3 清洗测序仪

清洗前准备好清洗液,通过以下步骤清洗测序仪(图 6-3)。

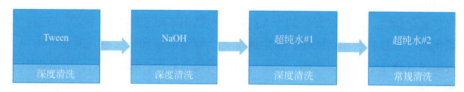

图 6-3　清洗步骤

6.3.4 重启测序仪

在测序之前重新启动测序仪,保证其最佳测序性能。

6.4 文库定量

6.4.1 定量试剂配制

(1)准备一个 1.5/2mL 离心管。

(2)如表 6-2 所示,将下列溶液加入离心管中,制成定量试剂(199:1)。

定量试剂配制方法　　　　　　　　　　　　　　表 6-2

试剂名称	体积
Qubit ssDNA Buffer	597μL
Qubit ssDNA reagant	3μL

(3) 对离心管进行振荡和离心。
(4) 将混合液放在暗处避光保存。

6.4.2 Qubit 荧光标定

(1) 准备 2 个 Qubit™ 定量管，每管加入 190μL 定量试剂，然后分别向管内加入 10μL Qubit ssDNA Standard ♯1 和 Qubit ssDNA Standard ♯2。

(2) 将 Qubit™ 定量管放入 Qubit 仪中。先读取 Qubit ssDNA Standard ♯1，然后读取 Qubit ssDNA Standard ♯2，生成 Qubit 标准曲线。

(3) 将 Qubit ssDNA Standard ♯2 作为样本，再次读取，确保其浓度为 19.8~20ng/μL。如果不符合要求，必须重新制作定量试剂。

6.4.3 文库浓度测量

(1) 198μL 定量试剂加到 Qubit™ 定量管中，然后加入 2μL 文库。
(2) 对定量管进行振荡和离心，再放入 Qubit 仪。
(3) 读取文库混合物，并记录浓度 C。

6.5 DNB 制备

6.5.1 投入标准文库

(1) 取出 Low TE Buffer、Make DNB buffer、Stop DNB Run Buffer、标准文库试剂，使用前在冰盒或碎冰上解冻至少 15min。

(2) 振荡混合及离心所有试剂，并放置在冰盒或碎冰上，以供进一步使用。

(3) 计算标准文库的使用量，通过公式计算得出目标体积（单位：μL）：

$$\text{所需的标准文库体积} = N \times 330 \times 40 / (1000 \times 1000 \times C)$$

式中　N——片段长度（文库片段大小包括接头长度）；
　　　C——文库浓度（使用实际定量后的浓度），ng/μL。

以标准文库（片段长度 410bp）试剂为例，当标签所示的浓度为 2.0ng/μL 时，根据上述公式进行计算，则所需的标准文库目标体积为：

$$V = 410 \times 330 \times 40 / (1000 \times 1000 \times 2) = 2.706 \approx 3\mu L$$

(4) 将四个 0.2mL PCR 管放在冰盒或带有碎冰的 PCR 板上。
(5) 将下列试剂依次加入每个 0.2mL PCR 管中，如表 6-3 所示。

试剂配制方法　　　　　　　　　　　　　　　　表 6-3

Low TE buffer	(40-20-V)μL	正常操作
Make DNB buffer	20μL	正常操作
Standard library	V	将吸头插入混合液中，上下吹打 5 次混匀

(6) 合上 PCR 管的盖子。
(7) 振荡并离心混合液 5s。

(8) 确定制备了 1 管混合物。

6.5.2 引物杂交

(1) 将 PCR 管置于 PCR 仪中。
(2) 按表 6-4 对 PCR 实验程序进行设置。

PCR 实验程序设置　　　　　　　　　　　　　　　　　表 6-4

步骤	运行时间/体积
热盖:105℃	常开
体积	40μL
步骤 1:95℃	1min
步骤 2:65℃	1min
步骤 3:40℃	1min
步骤 4:4℃	保持

(3) 当温度达到 4℃时，从 PCR 仪上取下 PCR 管，振荡离心 5s，然后将其放在冰盒或碎冰上。

6.5.3 RCA 反应

(1) 使用前从 −20℃冰箱中取出 Make DNB Enzyme Mix Ⅰ 和 Make DNB Enzyme Mix Ⅱ（LC），振荡离心。将它们放置在冰盒中以供进一步使用。
(2) 如表 6-5 所示，将试剂加入 PCR 管中。

RCA 反应试剂配制方法　　　　　　　　　　　　　　　表 6-5

试剂名称	体积	描述
Make DNB enzyme mix Ⅰ	40μL	将吸头插入溶液中,上下吹打 5 次混匀
Make DNB enzyme mix Ⅱ（LC）	4μL	将吸头插入溶液中,上下吹打 5 次混匀

(3) 在使用完 Make DNB Enzyme Mix Ⅱ（LC）后，将其放回 −20℃冰箱中，等待 DNB 加载前再取出。
(4) 快速振荡离心 PCR 管。立即将它们放入 PCR 仪中，并运行表 6-6 的程序（将加热盖设置为 35℃。如果加热盖温度不能设置为 35℃，则可以设置为最低温度）。

RCA 反应程序　　　　　　　　　　　　　　　　　　表 6-6

步骤	运行时间/体积
热盖:35℃	常开
体积	84μL
步骤 1:30℃	25min
步骤 2:4℃	保持

6.5.4 停止 RCA 反应

（1）当温度达到 4℃时，从 PCR 仪上取下 PCR 管。将 PCR 管放入冰盒或碎冰上。

（2）立即向每个试管中加入 20μL stop DNB Run Buffer，并用 P-200 扎阔口枪头滴混 5～8 次，轻轻混合，不要振荡 DNB 或大力混匀。

注意：在混匀 DNB 时，一定要使用阔口枪头轻轻混合，避免离心，振荡或使管受到较大的外力。在进一步使用之前，DNB 混合液在 4℃下最多保存 48h。

6.6 DNB 定量

6.6.1 定量试剂配制

（1）准备 1.5/2mL 离心管。

（2）将溶液按照表 6-7 所示加入到离心管中，制成定量试剂（199∶1）。

表 6-7 DNB 定量试剂的配制

试剂名称	体积
Qubit ssDNA Buffer	796μL
Qubit ssDNA Reagent(Dye)	4μL

（3）短暂地对离心管进行振荡和离心。

（4）将定量试剂放在暗处避光 2min。

6.6.2 Qubit 荧光标定

（1）在 PCR 板上准备 2 个 Qubit^{TM} 定量管，向每管加入 190μL 定量试剂，然后分别向管内加入 10μL Qubit ssDNA Standard ♯1 和 Qubit ssDNA Standard ♯2。

（2）把 Qubit^{TM} 定量管放进 Qubit 仪。先读 ssDNA Standard ♯1，再读 ssDNA Standard ♯2，生成 Qubit 标准曲线。

（3）将 ssDNA Standard ♯2 作为样本，再次读取，确保其浓度为 19.8～20ng/μL。如果不符合要求，必须重新制作定量试剂。

6.6.3 DNB 浓度测量

（1）加入 198μL 定量试剂到 Qubit^{TM} 定量管，然后向管里加入 2μL DNB。

（2）对试管进行振荡和离心，依次放入 Qubit 仪中。

（3）读取 DNB 样本混合物，确保浓度在范围内（8～40ng/μL），经验值为 10～20ng/μL。

（4）记录 DNB 混合物浓度，并确保结果是可接受的，否则必须重新制作 DNB。

6.7 加载准备

6.7.1 添加加载缓冲液

(1) 如表 6-8 所示，向 PCR 管中加入以下试剂。

表 6-8 加载缓冲液体系

组成	体积
DNB load buffer Ⅰ	50μL
DNB load buffer Ⅱ	50μL
Make DNB enzyme mix Ⅱ (LC)	1μL
DNB	100μL

(2) 用阔口枪头轻柔地吸打 5~8 次。

注意：一旦加入 DNB load buffer Ⅱ，最好在 2h 内将 DNB 混合液加载到载片中，否则 DNB 会裂解。

6.7.2 在测序仪上加载 DNB

(1) 确保测序仪已完成维护清洗。

(2) 使用 P-200 扎阔口枪头将 DNB 混合液从每 2 个 PCR 管转移到 0.5mL 冻存管中。用 100/200μL 正常枪头转移 0.2mL PCR 管底部的剩余溶液。

(3) 也可以使用带有普通吸头的 P-200 移液器来转移 DNB 溶液。缓慢而轻柔地将 DNB 溶液吸入吸头中，当转移到 0.5mL 冻存管中时也是如此。

(4) 将 0.5mL 冻存管放入测序仪的加载组件。

(5) 转至测序部分并继续。

6.8 测序准备

6.8.1 试剂盒准备

(1) 确保测序试剂盒已完全解冻（图 6-4）。

(2) 打开试剂盒盖板（图 6-5）。

(3) 检查试剂盒薄膜状态，确保没有损坏（图 6-6）。

(4) 将试剂盒左右摇晃进行充分混匀（图 6-7）。

(5) 用无尘纸清洁试剂盒表面（图 6-8）。

(6) 用干净的枪头在 1 号、2 号和 15 号的薄膜上扎破一个洞（图 6-9）。

第 6 章　基因测序仪性能验证测试

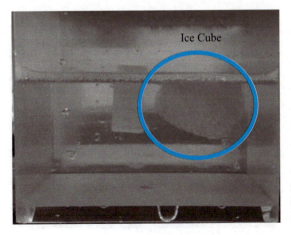

图 6-4　测序试剂盒解冻

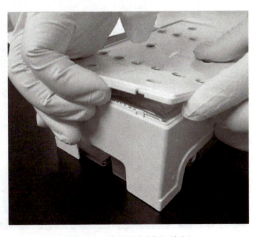

图 6-5　打开试剂盒盖板

图 6-6　检查试剂盒薄膜状态

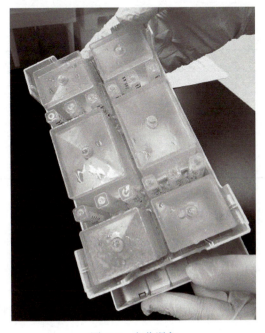

图 6-7　充分混匀

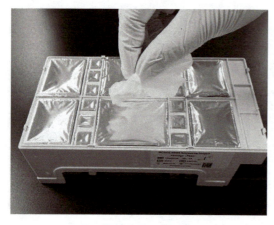
图 6-8　试剂盒表面清洁

图 6-9　1 号、2 号和 15 号所处位置

6.8.2　解冻测序酶和 MDA 试剂

（1）取出测序酶混合物和 MDA 试剂，在室温下解冻 15min，然后放在冰盒或碎冰上。

（2）根据测序试剂盒的类型，将相应体积的 dNTP Mix Ⅰ 加入 1 号孔。

6.8.3　添加 dNTP Mix Ⅰ（Hot）

从冰箱中取出 dNTP Mix Ⅰ，在室温下解冻 15 min。不同试剂槽类型所需的 dNTP Mix Ⅰ 的体积如表 6-9 所示。

注意：因试剂版本可能会更新，需要按照相应的试剂说明书进行添加，以下仅为示例。

不同试剂槽类型所需的 dNTP Mix Ⅰ 的体积　　　　表 6-9

试剂槽类型	试剂名称	体积	孔位
FCL SE50/FCS SE100	dNTP Mix Ⅰ	320μL	1 号
FCS SE100	dNTP Mix Ⅰ	440μL	1 号
FCL PE50/FCS PE100	dNTP Mix Ⅰ	560μL	1 号
FCL PE100/FCS PE150	dNTP Mix Ⅰ	740μL	1 号
FCS PE100	dNTP Mix Ⅰ	960μL	1 号

6.8.4　添加 dNTP Mix Ⅱ（Cold）

（1）从冰箱中取出 dNTP Mix Ⅱ，在室温下解冻 15min。

（2）根据测序试剂盒的类型，将相应体积的 dNTP Mix Ⅱ 加入 2 号孔，具体所需体积如表 6-10 所示。

注意：因试剂版本可能会更新，需要按照相应的试剂说明书进行添加，以下仅为示例。

不同试剂槽类型所需的 dNTPs Mix Ⅱ 的体积　　　　　　表 6-10

试剂槽类型	试剂名称	体积	孔位
FCL SE50/FCS SE100	dNTPs Mix Ⅱ	560μL	2 号
FCS SE100	dNTPs Mix Ⅱ	760μL	2 号
FCL PE50/FCS PE100	dNTPs Mix Ⅱ	920μL	2 号
FCL PE100/FCS PE150	dNTPs Mix Ⅱ	1480μL	2 号
FCS PE100	dNTPs Mix Ⅱ	2040μL	2 号

6.8.5　加入测序酶混合物

（1）确保测序酶混合物解冻良好。

（2）根据测序试剂盒的类型，将相应体积的测序酶混合物加入 1 号和 2 号孔（表 6-11）。

所需的测序酶混合物及体积　　　　　　表 6-11

试剂槽类型	试剂名称	1 号孔	2 号孔
FCL SE50/FCS SE100	Sequencing Enzyme Mix	320μL	280μL
FCS SE100	Sequencing Enzyme Mix	440μL	380μL
FCL PE50/FCS PE100	Sequencing Enzyme Mix	560μL	460μL
FCL PE100/FCS PE150	Sequencing Enzyme Mix	740μL	740μL
FCS PE100	Sequencing Enzyme Mix	960μL	1020μL

（3）当测序酶混合物加入 1 号和 2 号孔后，用胶带密封两孔（图 6-10）。

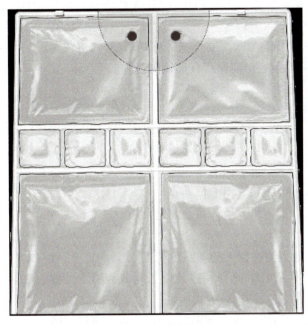

图 6-10　胶带密封

6.8.6 混合试剂

（1）轻轻摇动试剂盒至少 20 次，使试剂混合（图 6-11）。
（2）确保 1 号孔位置的颜色如图 6-12 所示，它应该是均一的、透明的。

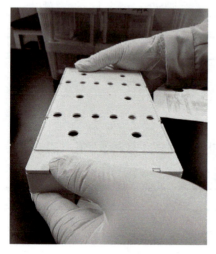

图 6-11　试剂盒摇匀　　　　　　　图 6-12　试剂颜色

6.8.7 添加 MDA 试剂

（1）使用前，将 MDA 酶混合液从 −20℃ 中取出，并确保将其保存在冰盒或碎冰中。
（2）用 P-1000 移液器将 200μL PE100 MDA 酶混合物移至 MDA 试剂管中，然后上下吹打 10 次混匀。
（3）将 MDA 酶和 MDA 试剂混合物转移到 15 号孔位。
（4）把盖板放回并盖好，确保所有的试剂就位。

6.9 测序

6.9.1 登录

用普通用户账号密码登录到 PUI。

6.9.2 测序

（1）将 DNB 管放入测序仪上的加载位置。
（2）输入 DNB/样品 ID，选择相应的读长与载片脚本（例如 PE100_FCL），Barcode 选择为 1～128，然后点击下一步。
（3）扫描试剂盒二维码，输入试剂盒 ID，放入测序仪冰箱。
（4）将载片装载到平台上，扫描载片二维码，输入载片 ID。
（5）查看参数并单击 Start。如果要更改某些参数，应单击 Previous 回到之前的页面。

(6) 等待 2min 让 DNB 进入载片。观察加载过程，确保 Lane 都加载了 DNB。
(7) 一旦 DNB 混合液加满载片，使用空气罐清洁载片表面，并关闭载片仓门。

6.10 第一个碱基报告

6.10.1 打开第一个碱基报告

在第一个循环完成（大概 90min）后，在用户界面查看第一个循环结果，并确保所有指标都在正常范围内。如果结果不理想，可以决定停止运行，准备一个新的载片或重新校准测序仪参数，如自动对焦和温度参数。

6.10.2 度量标准

具体的度量标准可参考表 6-12。这些都是经验值，仅供参考。如果第一个 Cycle 报告符合这些标准，可能通过验证。如果某些参数没有达到标准，可能会降低测序质量，可以决定继续运行或重新做实验。

度量标准参考值　　　　　　　　　　　　　　　　　　　　表 6-12

度量标准	经验值
Cycle Q30	>82
BIC	>92
FIT	>84
SNR	>12

6.11 仪器清洗

6.11.1 下机清洗

一旦验证运行完成后，执行清洗。其中 0.1M NaOH 和第一轮水洗之间的时间间隔不应超过 1min。在第一轮水洗和第二轮水洗之间重新填充超纯水清洗试剂槽的小孔。第一轮水洗以"常规清洗"执行，其他轮则通过"深度清洗"执行。

6.11.2 废弃使用过的试剂盒和载片

根据生物安全性等级，合法合规丢弃使用过的试剂盒和载片，操作人员需确保自身安全。

6.12 运行结果验证

打开汇总报告，并确保它们符合验证运行报告的可接受标准。否则，必须重做验证运行（图 6-13）。

Category	Value
SoftwareVersion	1.1.1.98
TemplateVersion	0.8.0
Reference	NULL
CycleNumber	210
ChipProductivity(%)	72.94
ImageArea	612
TotalReads(M)	630.09
Q30(%)	89.81
SplitRate(%)	98.08

图 6-13　汇总报告参数

6.13　数据分析

6.13.1　打开命令窗口

在路径 C：/BasecallLite/Report 打开命令窗口（Shift＋右键单击空白）（图 6-14）。

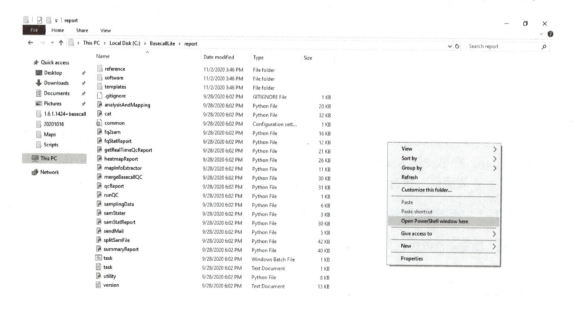

图 6-14　打开命令窗口

6.13.2 运行脚本

如图 6-15 所示，编辑以下指令：

图 6-15　脚本命令编辑

PE100 输入指令：python analysisAndMapping.py

D：\ Result \ workspace \ S20000XXXX \ L01 \ metrics

D：\ Result \ OutputFq \ S20000XXXX \ L01

S20000XXXX － p － r Ecoli.fa － i1 101 － i2 202 － m － j 100（指令用空格分隔）

各指令释义如表 6-13 所示。

各指令释义　　　　　　　　　　　　　　　　表 6-13

项目	描述
python analysisAndMapping.py	Program 设置程序
D:\Result\workspace\S20000XXXX\L01\metrics	Path of the file 文件位置
D:\Result\OutputFq\S20000XXXX\L01	Path of the mapping report 比对报告文件位置
S20000XXXX	The ID of the Flowcell 芯片号
－ p	PE 双端测序
－ m	Mapping 比对
－r	Reference 参考
－i	Remove the cycle for correction 校正移除循环
－j	Interval of sampling mapping 样本比对间隔

6.14 下机报告

6.14.1 下机文件目录结构

总报告包含基本测序结果，如 Q30（%）、Reads、Basecall 信息，生成的 FASTQ 报告和碱基信息。

关键报告参数说明如表 6-14 所示。

关键报告参数说明　　　　　　　　　　　　表 6-14

参数	说明
ChipProductivity(%)	载片利用率
TotalReads(M)	FASTQ 文件中包含的 Reads 数（经过滤）
Q30(%)	过滤后，错误率低于 0.1%（准确性高于 99.9%）的 Base 所占的比率
ESR(%)	Effective Spot Rate，载片中经过过滤后的有效 Spot 的比率

6.14.2 下机报告重要参数解释

测序仪下机报告中各项指标参数所代表的意义说明如下：

一、Summary Information

- CycleNumber：测序总读长。
- ChipProductivity（%）：测序芯片的利用率。
- ImageArea：拍照区域大小。
- TotalReads（M）：下机生成的 fq 文件中所包含的总 Reads 数，单位是兆（M）。
- MappedReads（M）：需要执行 mapping 流程产生，即 TotalReads 进行 mapping 分析后，mapping 上的 Reads 数。
- AvgDuplicationRate：需要执行 mapping 流程产生，拆分 barcode 时，该值为各 fq 文件 DuplicationRate 指标的平均值（不具有整体参考意义）。
- Q30(%)：Basecall 结果错误率低于 0.001（准确性高于 99.9%）的 Base 占有比率。
- SplitRate(%)：对测序序列的 barcode 部分进行分类拆分，统计能对应 barcode list 中序列的数量占总的 fastq 序列数的比率。
- Lag1(%)/Lag2（%）：一链/二链测序滞后所占比率。
- Runon1(%)/Runon2（%）：一链/二链测序超前所占比率。
- ESR（%）（Effective Spot Rate）：经过过滤最终测序所得的 Reads 数（TotalReads）在原始测序数据中的占比。
- MappingRate（%）：需要执行 mapping 流程产出，MappingReads 占 TotalReads 的比率。
- AvgErrorRate（%）：需要执行 mapping 流程产出，能 mapping 上 Reference 的 reads 中各位点 mismatch 的平均值。

- AvgErrorRate! N（%）：去除 call N 引起的那部分 mismatch 后，剩余 mismatch 类型的平均错误率。
- MaxOffsetX/MaxOffsetY：所有 cycle offset 值（相对于标准模板的 offset 值）中取绝对值最大的对应值作为 MaxOffset 值。
- InitialOffsetX/InitialOffsetY：对 cycle1 所有 Fov 的通道 A 的 offset 求平均值。
- RecoverValue（A）/RecoverValue（C）/RecoverValue（G）/RecoverValue（T）/RecoverValue（AVG）：仅针对 PE（Read1，Read2 读长均大于 25）测序部分，反映二链各通道信号回升情况。

二、Biochemistry Information

- ISW Version：测序仪控制软件版本。
- Machine ID：测序仪机器序列号。
- Sequence Type：测序类型。
- Recipe Version：测序方案版本。
- Sequence Date：测序开始日期。
- Sequence Time：测序开始时间。
- Sequencing Cartridge ID：测序试剂盒序列号。
- Cleaning Cartridge ID：清洗试剂盒序列号。
- Flow Cell ID：测序芯片 ID。
- Flow Cell Pos：测序时芯片所用位置。
- Barcode Type：测序选择 barcode 类型。
- Barcode File：测序选择的 barcode 文件。
- Read1：测序一链读长。
- Read2：测序二链读长。
- Barcode：测序 barcode1 读长。
- Dual Barcode：测序 barcode2 读长。
- Read1 Dark Reaction：一链执行暗反应的位置。
- Read2 Dark Reaction：二链执行暗反应的位置。
- Resume Cycles：测序过程中续测的 Cycle。

三、Basecalling Information

- DNBNumber 值表示的是所有有效 fov 所对应的总理论 Spot 个数。

四、Lag/Runon Information

- Read1 和 Read2 ACGT 各自线性拟合的 Lag/Runon 值（斜率），截距（intercept）以及 R 方值。

五、Raw Intensity

- 图像处理后提取的 Intensity 值；横坐标为 Cycle 数，纵坐标为各通道 Intensity 值。

六、RHO Intensity

- 各通道的原始强度；横坐标为 Cycle 数，纵坐标为各通道 Intensity 值。

七、Background Intensity

- 背景信号值；横坐标为 Cycle 数，纵坐标为各通道 Intensity 值。

八、SNR

- 信噪比，SNR＝信号均值/背景标准差；横坐标为 Cycle 数，纵坐标为各通道 SNR 值。

九、BIC And FIT

- BIC（Basecall Information Content）：可用于做 Basecalling 的 DNB 比率。
- FIT：反映各 Base 之间信号串扰的情况，其值越高越好。

十、Unfilter Q30

- 每个 Cycle 总的 Base 中，质量值不低于 30 的 Base 占总 Base 的比例；横坐标为 Cycle 数，纵坐标为各通道 Q30 值。

十一、Barcode Split Rate

- 需要执行拆分 Barcode；每个样本对应 Barcode 的拆分率占比柱形图，横轴表示 Barcode 号，纵轴表示占总数据量的百分比，只有当 Barcode 的拆分率大于 0.5% 时，才会将其画进柱形图。

十二、Summary of Fastq Statistics

- PhredQual：质量值根据 Phred＋33 方式转换。
- ReadNum：总体 Reads 的数量。
- BaseNum：总体 Base 的数量。
- N（%）：call N 的 Base 占比。
- GC（%）：G 和 C Base 数量在总 Base 数中的占比。
- Q10（%）：正确率大于 90% 的 Base 占比。
- Q20（%）：正确率大于 99% 的 Base 占比。
- Q30（%）：正确率大于 99.9% 的 Base 占比。
- EstErr（%）：预估错误率。

十三、Bases Distribution

- 碱基分布图，统计各个 Cycle 的碱基含量所占百分比，可以作为初步判定实验结果的指标。fq 中碱基为 N，表示无法识别出该位点的碱基。

十四、GC Distribution

- GC 含量分布情况，一般情况下，不同物种的 GC 含量会有较明显差别。大肠杆菌为 50% 左右，人类为 38%～42%。

十五、Estimated Error Rate

- 碱基的估计错误率分布情况，根据 Phred Score 计算公式以及当前的质量值对每个 Cycle 的平均错误率进行估计。

十六、Average Quality Distribution

- 每个 Cycle 的平均测序质量值。

十七、Quality Portion Distribution

- 各个质量分数区间碱基分布情况。

6.14.3 运行结果

从验证运行的报告中获取总数据量、Q30（%）和拆分率（图 6-16）。

Category	Value
SoftwareVersion	1.2.0.132
TemplateVersion	0.8.0
Reference	Ecoli
CycleNumber	212
ChipProductivity(%)	84.57
ImageArea	612
TotalReads(M)	721.17

图 6-16　摘要报告相关参数

 习题与思考

一、单选题

1. Q30＞90％的意思是（　　）。
A. Base 正确率超过 99.9％
B. Reads 正确率超过 99.9％
C. 大于 90％的 Base 的错误率小于 0.001
D. 大于 90％的 Reads 的错误率小于 0.001

2. 碱基不平衡造成 Basecall 识别不准的原因是（　　）。
A. Basecall 找不准各 DNB 的坐标
B. 荧光强度太强导致过曝
C. dNTP 消耗不均匀
D. 荧光强度太弱无法读取

3. PCR 反应中常用的退火温度为（　　）。
A. 15～37℃　　　B. 37～55℃　　　C. 55～72℃　　　D. 72～98℃

二、填空题

1. TotalReads（M）指的是下机生成的 fq 文件中所包含的_____，单位是_____。

2. Q20（％）指的是 Basecall 结果错误率_____的碱基占有比率。

三、简答题

1. 简述测序仪的清洗流程。
2. 简述下机总报告包含的信息有哪些，并作简要说明。
3. 简述 PCR 反应程序。

附录

一、测序实验室常用仪器设备

1. UPS

UPS 即不间断电源(Uninterruptible Power Supply),是一种含有储能装置的不间断电源,主要用于为部分对电源稳定性要求较高的设备提供不间断的电源。

当市电输入正常时,UPS 将市电稳压后供应给负载使用,此时 UPS 就是一台交流式电稳压器,同时它还向机内电池充电,当市电中断(事故停电)时,UPS 立即将电池的直流电能,通过逆变器切换转换的方法向负载继续供应 220V 交流电,使负载维持正常工作并保护负载软、硬件不受损坏。UPS 设备通常对电压过高或电压过低都能提供保护(附图 1)。

附图 1 UPS

UPS 使用注意事项：

(1) UPS 电源的安装环境应避免阳光直射，并留有足够的通风空间，保持工作环境的温度不高于 25℃。如果工作环境温度超过 25℃，每温升增加 10℃，电池的寿命就会缩短一半左右。

(2) 不宜在 UPS 电源的输出端使用大功率可控硅负载、可控硅桥式整流或半波整流型负载，此类负载易造成逆变器末级驱动晶体管被烧毁。

(3) 严格按照正确的开机、关机顺序进行操作，避免因负载突然增加或突然减少时，UPS 电源的电压输出波动大，从而使 UPS 电源无法正常工作。

(4) 禁止频繁地关闭和开启 UPS 电源，一般要求在关闭 UPS 电源后，至少等待 30s 后才能开启 UPS 电源。通常造成中小型 UPS 电源高发故障的原因是：用户频繁地开机或关机，UPS 电源带负载进行逆变器供电和旁路供电切换。

(5) 对于绝大多数 UPS 电源而言，将其负载控制在 50%～60% 额定输出功率范围内是最佳工作方式。禁止超负载使用，厂家建议：UPS 电源的最大启动负载最好控制在 80% 之内，如果超载使用，在逆变状态下，时常会击穿逆变三极管。不宜过度轻载运行，这种情况容易因电池放电电流过小造成电池失效。

(6) 定期对 UPS 电源进行维护工作。观察工作指示灯状态、除尘，测量蓄电池电压，更换不合格电池，检查风扇运转情况及检测调节 UPS 的系统参数等。

(7) UPS 电源比较适合于带微电容性负载，不适合于带电感性负载，如空调、电动机、电钻、风机等。如果 UPS 电源负载为电阻性或电感性负载时，必须酌情减小其负载量，以免超载运行。

2. 超净工作台

超净工作台（Clean Bench），又称净化工作台，是为了适应现代化工业、光电产业、生物制药以及科研试验等领域对局部工作区域洁净度的需求而设计的。其通过风机将空气吸入预过滤器，经由静压箱进入高效过滤器过滤，将过滤后的空气以垂直或水平气流的状态送出，使操作区域达到百级洁净度，保证生产对环境洁净度的要求（附图 2）。

(1) 工作原理

超净工作台的工作原理是在特定的空间内，室内空气经预过滤器初滤，由小型离心风机压入静压箱，再经空气高效过滤器二级过滤，从空气高效过滤器出风面吹出的洁净气流具有一定的、均匀的断面风速，可以排除工作区原来的空气，将尘埃颗粒和生物颗粒带走，以形成无菌的高洁净的工作环境。

(2) 使用方法

① 关上移门，按下杀菌按钮，打开紫外灯，开始杀菌，杀菌时间一般 10min 即可。

附图 2　超净工作台

② 关闭紫外灯，打开移门，按下开启按钮，开始吹风，根据需要可打开日光灯管照明。

③ 使用完毕后需收拾干净台面，按下停止按钮，停止吹风，关上移门。

（3）注意事项

① 任何情况下不应将超净台的进风罩对着开敞的门或窗，以免影响滤清器的使用寿命。

② 使用超净台时需关闭紫外灯，防止被晒伤。

③ 刚杀完菌应先打开移动门再吹风，同时应让超净台里的臭氧散一会儿。

④ 超净台中实验操作时，应尽量避免将液体滴到台面上。如果有液体，应立即擦净。如果有大量液体，应立即断开电源，擦净液体，防止液体渗漏进控制面板，导致控制面板失控。

⑤ 使用完后应检查超净台是否打扫干净，不得留有个人物品，方便后续他人使用。

3. 生物安全柜

生物安全柜（Biological Safety Cabinet，BSC）是能防止实验操作处理过程中某些含有危险性或未知性生物微粒发生气溶胶散逸的箱型空气净化负压安全装置，是实验室生物安全中一级防护屏障中最基本的安全防护设备。生物安全柜由防护罩、试验台、通风和滤材系统组成。

（1）工作原理

生物安全柜的工作原理主要是将柜内空气向外抽吸，使柜内保持负压状态，通过垂直气流来保护工作人员；外界空气经高效空气过滤器（High-Efficiency Particulate Air Filter，HEPA 过滤器）过滤后进入生物安全柜内，以避免处理样品被污染；柜内的空气也需经过 HEPA 过滤器过滤后再排放到大气中，以保护环境（附图3）。

（2）分类

参考国内标准《Ⅱ级生物安全柜》YY 0569—2011、美国标准 NSF49，根据对样品、操作人员、环境的保护程度，可将生物安全柜分为Ⅰ、Ⅱ、Ⅲ级；根据其吸入风速、循环外排比例等参数，又可将Ⅱ级生物安全柜分为 A1、A2、B1、B2 等级。其中，Ⅱ级 A2 型生物安全柜 30% 的气流通过外排 HEPA 过滤器过滤后排出，70% 的气流通过上方 HEPA 过滤器进行再循环，提供向下洁净的垂直气流，保护操作者、样品和环境。生物安全柜的选择如附表1所示。

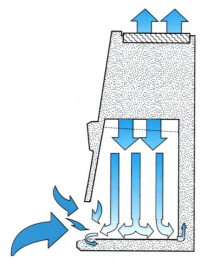

附图 3　生物安全柜气流示意图

生物安全柜的选择　　　　附表 1

生物安全柜	保护类型	保护对象
Ⅰ级	第二、三和四类病原微生物、挥发放射性核素/化学品	操作者/环境
Ⅱ级 A1 型	第二、三和四类病原微生物	操作者/环境/样品

续表

生物安全柜	保护类型	保护对象
外排风型Ⅱ级A2型	第二、三和四类病原微生物,痕量挥发放射性核素/化学品	操作者/环境/样品
Ⅱ级B1型	第二、三和四类病原微生物,少量挥发放射性核素/化学品	操作者/环境/样品
Ⅱ级B2型	第二、三和四类病原微生物,挥发放射性核素/化学品	操作者/环境/样品
Ⅲ级	第一、二、三和四类病原微生物,痕量挥发放射性核素/化学品	操作者/环境/样品

(3) 使用方法

① 打开电源。

② 开紫外线灯照射30min。

③ 消毒完毕后打开照明灯和风机。

④ 长按上升玻璃柜门。

⑤ 注意不能堵住风机，所有的标本应放在生物安全柜里打开，操作时不要将手臂伸出生物安全柜外；结束后，应用酒精擦拭柜内，再长按下降，关闭接种环电热器开关，关闭风机，打开紫外线照射。

(4) 注意事项

① 尽量减少对气流屏障的干扰。避免快速移动，保持动作轻缓。

② 使用生物安全柜时，始终保持正确的前窗开口高度。

③ 日常表面除菌。紫外灯灭菌并不能完全替代清洁工作，生物安全柜使用后，要使用清洁剂对工作台进行消毒除菌。

④ 正确着装，熟练穿戴完整的个人防护装备。

⑤ 注意挥发性有毒化学品的使用，此时生物安全柜必须连接外排管道。

⑥ 使用带有高于操作台面的搁手架以及符合人体工程学设计的座椅和脚蹬的生物安全柜，人体工程学设计能够减少疲劳。

⑦ 遵循正确的无菌操作技术，始终保持从洁净区域到污染区域的操作顺序，工作区在中间，洁净区和污染区在两侧。

⑧ 正确处理废物和移液器枪头。在柜内（而不是柜外）将移液器枪头和废弃物放入生物危害袋中，防止污染物扩散。

⑨ 尽可能在生物安全柜的工作区域内进行操作，避免堵塞工作区前后的进气格栅。

⑩ 生物安全柜应进行年度认证，确保生物安全柜内气流速度与其他限制因素在安全范围内。

⑪ 在生物安全柜内使用可消毒记事本，考虑使用智能平板电脑来代替普通记事本。

4. 磁力架

磁力架，是由磁棒根据不同的使用要求，按照不同的性状尺寸，通过不锈钢板固定成型。其通过磁力吸附磁珠，短时间实现磁珠和液体的分离（附图4）。

5. PCR扩增仪

PCR扩增仪通常由热盖部件、热循环部件、传动部件、控制部件和电源部件等组成。

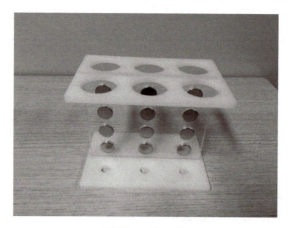

附图 4　磁力架

PCR 技术的原理类似于 DNA 的天然复制过程，其特异性依赖于靶序列两端互补的寡核苷酸引物，由变性—退火—延伸三个基本反应步骤构成（附图 5）。

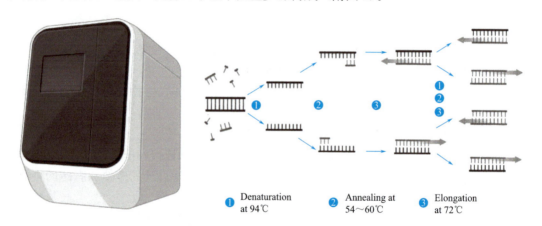

附图 5　PCR 扩增仪及其工作步骤

（1）模板 DNA 的变性

模板 DNA 经加热至 93℃左右一定时间后，使模板 DNA 双链或经 PCR 扩增形成的双链 DNA 解离，使之成为单链，以便它与引物结合。

（2）模板 DNA 与引物的退火（复性）

模板 DNA 经加热变性成单链后，温度降至 55℃左右，引物与模板 DNA 单链互补序列配对结合。

（3）引物的延伸

DNA 模板—引物结合物在 TaqDNA 聚合酶的作用下，以 dNTP 为反应原料，靶序列为模板，按碱基配对与半保留复制原理，合成一条新的与模板 DNA 链互补的半保留复制链。

重复循环变性—退火—延伸三过程，就可获得更多的"半保留复制链"，而且这种新链又可成为下次循环的模板。每完成一轮循环需 2～4min，如此反复进行，每一轮循环所产生的 DNA 均能成为下一轮循环的模板，每一轮循环都使两条人工合成的引物间的 DNA

特异区拷贝数扩增1倍,PCR产物以2的指数形式迅速扩增,经过25~30轮循环后(2~3h),理论上可使基因扩增109倍以上,实际上一般可达106~107倍。

(1) 环境要求

① 环境温度:15~32℃(注意:温度过低或过高时,需要打开空调回温)。

② 相对湿度:<70%。

③ 压力:海拔高度<2000m,80~106kPa。

④ 仪器必须放在稳固、水平的工作台面上,避免阳光直射,避免靠近加热设备。

⑤ 仪器应避免安装在强电磁干扰或有高感应系数的仪器旁边,例如高速离心机、电冰箱、振荡器等。

⑥ 仪器的放置位置必须离周围物体或墙壁15cm以上,方便散热和通风,以及方便开启和关闭仪器电源。

⑦ 仪器运行过程中禁止覆盖任何东西,禁止移动。

(2) 使用方法

① 准备PCR反应体系:将DNA模板、引物、DNA聚合酶、缓冲液和dNTPs等反应组分混合在一起,并加入适量的水。

② PCR扩增仪的温度程序:根据所需的扩增条件,设置PCR扩增仪的温度程序,包括初始变性、循环变性、退火和延伸等步骤。

③ 加载反应混合液:将PCR反应混合液分装到PCR管或板中。

④ 开始PCR反应:将PCR管或板放入PCR扩增仪,启动温度程序,让PCR扩增仪按照设定的温度和时间变化进行扩增反应。

⑤ 结束PCR反应:PCR反应结束后,可以通过电泳或其他方法进行目标DNA的分析。

(3) 注意事项

① 不要频繁开关仪器,两次开关间隔时间不得低于60s。

② 实验结束后不要立即关闭电源,应保持待机状态10min后,待温控模块温度降至室温,再关闭电源。

③ 仪器不得用作加热、保温、离心等其他用途。

④ 仪器运行结束后,不得立即开盖取反应管,应至少等待5min再开盖。也不得立即重新运行新实验,需保持待机状态降温保护15min以后方可运行。

(4) PCR扩增仪的应用

① 基因转录

PCR可以研究特定时间段内不同细胞类型、组织和物种之间基因转录的差异。逆转录用于通过从感兴趣的样品中分离RNA来创建cDNA。PCR产生的cDNA数量可用于计算特定基因的原始RNA水平。

② 基因分型

其可以确定某些细胞或生物体等位基因的序列差异。转基因生物的基因分型有利于突变或转基因部分的扩增。

③ 克隆和诱变

PCR克隆可以通过将扩增的dsDNA片段插入gDNA、cDNA和质粒DNA等载体来培育具有改变的基因组成的新细菌菌株。克隆有助于使用定点诱变引入点突变,定点诱变本身采用重组 PCR 方法。它还有助于创造新的基因融合。

④ 测序

测序伴随着模板 DNA 的扩增、纯化以及通过测序步骤的处理。PCR 还用于文库制备阶段的下一代测序(NGS),以量化 DNA 样本,并用测序接头标记它们,以进行多重分析。

⑤ 医学和生物医学研究

医学应用包括与疾病相关的遗传变化,以识别传染性生物体。产前基因检测采用 PCR 来检测怀孕期间的染色体异常和基因突变,为准父母提供有关其孩子患有特定遗传疾病的可能性的重要信息。它还可以用作植入前基因诊断技术来筛选用于体外受精(IVF)的胚胎。

⑥ 法医学

PCR 可用于法医调查,以确定样本来源和亲子鉴定。它在分子考古学中用于扩增文物中的 DNA。

⑦ 环境微生物学和食品安全

使用 PCR 不仅可以在患者样本中发现病原体,还可以在食物和水等基质中发现病原体。这对于诊断和预防传染病都很重要。

6. 掌上离心机

掌上离心机适用于微量过滤,快速从试管壁或试管盖上甩下试剂,以及试管或排管的慢速离心。配备两种离心转子和多种试管套,适用于 2.0mL、1.5mL、0.5mL、0.2L 离心管和 PCR 用 0.2m、8 排离心管。其一般具有开盖暂停功能,合盖即继续运行(附图 6)。

附图 6　离心机

7. 涡旋振荡器

涡旋振荡器是对各种试剂、溶液、化学物质进行固定、振荡、混匀处理的必备常规仪器,一般有接触模式和连续模式两种常用模式(附图 7)。

附图 7 涡旋振荡器

8. 移液器

移液器也叫移液枪,是在一定量程范围内,将液体从原容器内移取到另一容器内的一种计量工具(附图 8)。

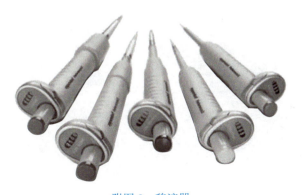

附图 8 移液器

移液器使用方法:

(1) 选择合适的移液器

根据移取溶液选择合适的移液器。移取标准溶液(如水、缓冲液、稀释的盐溶液和酸碱溶液)时,多使用空气置换移液器。移取具有高挥发性、高黏稠度以及密度大于 2.0g/cm 的液体或在临床聚合酶链反应(PCR)测定中的加样时,使用正向置换移液器。如移取 15μL 的液体,最好选择最大量程为 20μL 的移液器,选择 50μL 及其以上量程的移液器都不够准确。

(2) 设定移液体积

调节移液器的移液体积控制旋钮进行移液量的设定。调节移液量时,应视体积大小,旋转刻度至超过设定体积的刻度,再回调至设定体积,以保证移取的最佳精确度。

(3) 装配吸头

使用单通道移液器时，将可调式移液器的嘴锥对准吸头管口，轻轻用力垂直下压使之装紧。使用多通道移液器时，将移液器的第一排对准第一个管嘴，倾斜插入，前后稍微摇动拧紧。

(4) 移液

保证移液器、吸头和待移取液体处于同一温度，然后用待移取的液体润洗吸头 1~2 次，尤其是黏稠的液体或密度与水不同的液体。移取液体时，将吸头尖端垂直浸入液面以下 2~3m 深度（严禁将吸头全部插入溶液中）。缓慢均匀地松开操作杆，待吸头吸入溶液后静置 2~3s，并斜贴在容器上淌走吸头外壁多余的液体。

(5) 移液器的放置

使用移液器完毕后，用大拇指按住吸头推杆向下压，安全退出吸头后将其容量调到标识的最大值，然后将移液器悬挂在专用的移液器架上。长期不用时应置于专用盒内。

9. 分光光度计

能从含有各种波长的混合光中将每一单色光分离出来并测量其强度的仪器称为分光光度计。分光光度计因使用的波长范围不同，分为紫外光区、可见光区、红外光区以及万用（全波段）分光光度计等。无论哪一类分光光度计，都由下列五部分组成，即光源、单色器、狭缝、吸收池、检测系统（附图9）。

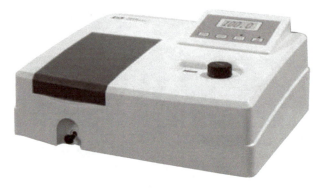

附图 9　分光光度计

(1) 光源

光源要求能提供所需波长范围的连续光谱，稳定而有足够的强度。常用的有白炽灯（钨灯、卤钨灯等）、气体放电灯（氢灯、氘灯等）、金属弧灯（各种汞灯）等多种。钨灯和卤钨灯发射 320~2000nm 的连续光谱，最适宜的工作范围为 360~1000nm，稳定性好，可用作可见光区分光光度计的光源。氢灯能发射 150~400nm 的紫外光，可用作紫外光区分光光度计的光源。钨灯在出现灯管发黑时应更换，如换用的灯型号不同，需要调节灯座位置。氢灯及氘灯的灯管或窗口是石英的，且有固定的发射方向，安装时必须仔细校正，接触灯管时应戴手套以防留下污迹。

(2) 单色器

单色器是指能从混合光波中分解出来所需单一波长光的装置，由棱镜或光栅构成，又称分光系统。棱镜是利用不同波长的光有不同的折射率而使复合光分开的光学元件,有玻璃和石英两种材料。玻璃棱镜色散力强,分光性能好,其工作波长范围为350～3200nm,即只能在可见光区工作。石英棱镜工作波长范围为185～4000nm,在紫外光区有较好的分力,也适用于可见光区和近红外光区。

(3) 狭缝

狭缝是指由一对隔板在光通路上形成的缝隙,用来调节入射单色光的纯度和强度,也直接影响分辨力。狭缝可在0～2mm宽度内调节,由于棱镜色散力随波长不同而变化,较先进的分光光度计的狭缝宽度可随波长一起调节。

(4) 吸收池

吸收池也叫样品池、比色皿或比色杯,用来盛放待测样品,各个杯壁的厚度等规格应尽可能完全相等,否则容易产生测定误差。玻璃比色杯只适用于可见光区,在紫外光区测定时要用石英比色杯。使用时,用手拿比色杯的粗糙面,不能用手指拿比色杯的光滑面,使用完后要及时洗涤,可用温水或稀盐酸、乙醇以及铬酸洗液(浓酸中浸泡不要超过15min)洗涤,表面只能用柔软的绒布或镜头擦拭纸擦净。

(5) 检测系统

检测器产生的光电流以某种方式转变成模拟的或数字的结果,模拟输出装置包括电流表、电压表、记录器、示波器,或与计算机联用等,数字输出则借助模拟/数字转换装置如数字式电压表等。

分光光度计的使用方法,以722型分光光度计为例:

(1) 检查722型分光光度计的旋钮,使选择指向透光度"T",灵敏度钮置1档(此时放大倍率最小)。

(2) 接通电源,打开检测室盖(此时光门自动关闭),打开电源开关,指示灯亮,预热20min。

(3) 调节波长旋钮至所需波长。

(4) 比色杯分别盛装空白液、标准液和待测液,依次放入检测室比色杯架内,使空白管对准光路。

(5) 打开检测室盖,调节"0"旋钮,使数字显示为"0.00",盖上检测室盖(光门打开),调节透过率"100"旋钮,使数字显示为"100.0",重复数次,直至达到稳定。

(6) 吸光度A的测量:选择拨向"A",显示为".000"。如果不是此值,可调节消光零钮,使其达到要求。再移动拉杆,使标准液和待测液分别置于光路,读取A值,然后再使空白液对准光路,如A值仍为".00",则以上标准液与待测液读数有效。

(7) 打开检测室盖,取出比色杯,倾去比色液,用水冲洗干净,倒置于铺有滤纸的平皿中。

(8) 浓度C的测定:选择开关由"A"旋置"C",将已标定浓度的标准液放入光路,调节浓度旋钮,使数字显示为标定值,再将待测液放入光路,即可读出待测液的浓度值。

(9) 关上电源开关,拔出电源插头,取出比色杯架,检查检测室内是否有液体溅出并擦净。检测室内放入硅胶袋,盖上检测室盖后套上仪器布罩。

二、常用生物技术

1. 常用工具酶

（1）限制性核酸内切酶

限制性核酸内切酶是可以识别并附着特定的核苷酸序列，对每条链中特定部位的两个脱氧核糖核苷酸之间的磷酸二酯键进行切割的一类酶，简称限制酶。根据限制酶的结构、辅助因子的需求切位与作用方式，可将限制酶分为三种类型，分别是第一型（Type Ⅰ）、第二型（Type Ⅱ）及第三型（Type Ⅲ）。Ⅰ型限制酶既能催化宿主 DNA 的甲基化，又可催化非甲基化的 DNA 的水解。而Ⅱ型限制酶只催化非甲基化的 DNA 的水解。Ⅲ型限制酶同时具有修饰及认知切割的作用。

Ⅱ型限制酶的识别序列通常由 4～8 个碱基对组成，这些碱基对的序列呈回文结构（Palindromic Structure），旋转 180°，其序列顺序不变。所有限制酶切割 DNA 后，均产生 5′磷酸基和 3′羟基的末端。限制酶作用所产生的 DNA 片段有以下两种形式：

① 具有黏性末端（Cohesive End）。有些限制酶在识别序列上交错切割，形成的 DNA 限制片段具有黏性末端。例如，HindⅠ切割形成 5 单链突出的黏性末端，而 PstI 切割却形成 3′单链突出的黏性末端。

② 具有平末端（Bluntend）。有些限制酶在识别序列的对称轴上切割，形成的 DNA 片段具有平末端。例如，SmaⅠ切割形成平末端。

EcoRⅠ的识别序列是：

$$5'-G\_AATTC-3'$$
$$3'-CTTAA\_G-5$$

SmaⅠ的识别序列是：

$$5'-CCC\_GGG-3'$$
$$3'-GGG\_CCC-5'$$

（2）DNA 连接酶

DNA 连接酶是以共价方式将 DNA 的磷酸骨架与平末端或配对的黏性末端连接起来，其作用是修复 DNA 分子中断裂的双链。

体外 DNA 连接方法目前常用的有三种：①用 T4 或大肠杆菌 DNA 连接酶可连接具有互补黏性末端的 DNA 片段；②用 T4 DNA 连接酶连接具有末端的 DNA 片段；③先在 DNA 片段末端加上人工接头，使其形成黏性末端，然后再进行连接。

（3）反转录酶

反转录酶（Reverse Transcriptase）是以 RNA 为模板指导三磷酸脱氧核酸合成互补 DNA（cDNA）的酶。这种酶需要镁离子或离子作为辅助因子，当以 mRNA 为模板时，先合成单链 DNA（ssDNA），再在反转录酶和 DNA 聚合酶Ⅰ的作用下，以单链 DNA 为模板合成"发夹"形的双链 DNA（dsDNA），再由核酸酶 SI 切成两条单链的双链 DNA。因此，反转录酶可用来把任何基因的 mRNA 反转录成 cDNA 拷贝，然后可大量扩增插入载体后的 cDNA，也可用来标记 cDNA 作为放射性的分子探针。反转录酶在基因工程中，主要用来从 mRNA 转录出 cDNA 片段。由于 mRNA 是染色体上基因的拷贝，所以，反转录酶使基因工程学家们能通过细胞质中的 mRNA 来认识和分离目标基因。

（4）同尾酶

来源不同的限制酶，识别及切割序列不相同，但却能产生相同的黏性末端，这类限制酶称为同尾酶（Isocaudarner）。两种同尾酶切割形成的 DNA 片段经连接后所形成的重组序列，不能被原来的限制酶所识别和切割。EcoRⅠ和 MunⅠ同属同尾酶。

2. 文库构建

基因文库的构建。基因文库是指整套由基因组 DNA 片段插入克隆载体获得的分子克隆之总和。在理想条件下，基因文库应包含该基因组的全部遗传信息。基因文库的构建通常包含以下几个步骤：

（1）染色体 DNA 的片段化

利用能识别较短序列的限制酶对染色体基因组进行随机性切割，产生众多的 DNA 片段。

（2）载体 DNA 的制备

选择适当的 λ 噬菌体载体，用限制酶切开，得到左右两臂，以便分别与染色体 DNA 片段的两端连接。

（3）体外连接与组装

将染色体 DNA 片段与载体 DNA 片段用 DNA 连接酶连接，然后将重组 DNA 与 λ 噬菌体外壳蛋白在体外包装。

（4）重组噬菌体感染大肠杆菌

重组噬菌体感染细胞将重组 DNA 导入细胞，重组 DNA 在细胞内增殖并裂解宿主细胞，产生的溶菌产物组成重组噬菌体克隆库，即基因文库。

（5）基因文库的鉴定、扩增与保存

构建的基因文库应鉴定其库容量，需要时可进行扩增，构建好的基因文库可多次使用。

3. cDNA 文库的建立

真核生物基因的结构和表达控制元件与原核生物有很大的不同。真核生物由于外显子与内含子镶嵌排列，转录产生的 RNA 需切除内含子拼接，外显子才能最后表达，因此真核生物的基因是断裂的。真核生物的基因不能直接在原核生物中表达，只有将加工成熟的 mRNA 经逆转录合成互补的 DNA（cDNA），再接上原核生物的表达控制元件，才能在原核生物中表达。且 mRNA 很不稳定，容易被 RNA 酶分解，因此，真核生物需建立 cDNA 文库来进行克隆和表达研究。所谓 cDNA 文库是指细胞全部 mRNA 逆转录成 cDNA 并被克隆的总和。建立 cDNA 文库与基因文库的最大区别是 DNA 的来源不同。基因文库是取现成的基因组 DNA，cDNA 文库是取细胞中全部的 mRNA 经逆转录酶生成 DNA（cDNA），其余步骤两者相类似。

构建 cDNA 文库的基本步骤有五步：①制备 mRNA；②合成 cDNA；③制备载体 DNA（质粒或 λ 菌体）；④双链 cDNA 的分子克隆（cDNA 与载体的重组）；⑤cDNA 文库

的鉴定扩增与保存。

4. 聚合酶链式反应

PCR 是聚合酶链式反应的简称，指在引物指导下由酶催化的对特定模板（克隆或基因组 DNA）的扩增反应，是模拟体内 DNA 复制过程，在体外特异性扩增 DNA 片段的一种技术。其在分子生物学中有广泛的应用，包括用于 DNA 作图、DNA 测序分子系统遗传学等。PCR 基本原理是以单链 DNA 为模板，四种 dNTP 为底物，在模板 3′端有引物存在的情况下，用酶进行互补链的延伸，多次反复地循环能使微量的模板 DNA 得到极大程度的扩增。在微量离心管中，加入与待扩增的 DNA 片段两端已知序列分别互补的两个引物、适量的缓冲液、微量的 DNA 模板、四种 dNTP 溶液、耐热 Taq DNA 聚合酶、Mg 等。反应时先将上述溶液加热，使模板 DNA 在高温下变性，双链解开为单链状态；然后降低溶液温度，使合成引物在低温下与其靶序列配对，形成部分双链，称为退火；再将温度升至合适温度，在 Taq DNA 聚合酶的催化下，以 dNTP 为原料，引物沿 5′-3′方向延伸，形成新的 DNA 片段，该片段又可作为下一轮反应的模板，如此重复改变温度，由高温变性、低温复性和适温延伸组成一个周期，反复循环，使目的基因得以迅速扩增。因此，PCR 循环过程由三部分构成：模板变性、引物退火、热稳定 DNA 聚合酶在适当温度下催化 DNA 链延伸合成。

5. DNA 重组技术

重组 DNA 分子的构建是通过 DNA 连接酶在体外作用完成的。DNA 连接酶催化 DNA 裂口两侧（相邻）核苷酸裸露 3′羟基和 5′磷酸之间形成共价结合的磷酸二酯键，使原来断开的 DNA 裂口重新连接起来。由于 DNA 连接酶还具有修复单链或双链的能力，因此，它在 DNA 重组、DNA 复制和 DNA 损伤后的修复中起着关键作用。特别是 DNA 连接酶具有连接 DNA 平末端或黏性末端的能力，这就促使它成为 DNA 重组技术中极有价值的工具。

知识点数字资源

章节	资源名称	资源类型	资源二维码
第1章	核酸提取原理	视频	
第1章	DNA 片段化	视频	
第1章	DNA 片段筛选及末端修复	视频	
第2章	文库制备	视频	
第2章	DNB 纳米球制备	视频	
第2章	测序原理介绍	视频	
第2章	DNBSEQ 技术 cPAS 测序	视频	

续表

章节	资源名称	资源类型	资源二维码
第 3 章	光学原理	视频	
	测序过程	视频	
	测序结果数据分析	视频	
	华大基因测序技术优势	视频	
	MGISEQ-200 基本介绍	视频	
	MGISEQ-200 基本工作原理	视频	
	MGISEQ-200 硬件整体介绍	视频	

续表

章节	资源名称	资源类型	资源二维码
第4章	MGISEQ-200 软件及耗材整体介绍	视频	
	MGISEQ-200 模块整体介绍	视频	
第5章	MGISEQ-200 电控系统	视频	
	MGISEQ-200 温控系统	视频	
	MGISEQ-200 气路系统	视频	
	MGISEQ-200 液路系统	视频	
	MGISEQ-200 载片平台及旋转阀系统	视频	
	MGISEQ-200 光学系统	视频	

参考文献

[1] 叶良兵. 医学生物学 [M]. 2版. 南京：东南大学出版社，2014.
[2] 李福才. 医学遗传学 [M]. 上海：上海科学技术出版社，2010.
[3] 王易振，仲其军，沈建林. 生物化学 [M]. 武汉：华中科技大学出版社，2011.
[4] 肖建英. 分子生物学 [M]. 北京：人民军医出版社，2013.